정리가 어려운 당신을 위한
비우고 정리하여
심플하게 사는 법

똑소리 나고 똑 부러지는 똑똑한 정리

정리가 쉬워졌습니다

윤주희 지음

i-Scream media

CONTENTS

PART 3

한 권으로 끝내는 공간 정리의 모든 것

PART 4

혼돈과 정돈은 한 끗 차이

prologue

간단하지만 강력한 정리의 힘

모든 사람은 잘 살고 싶어 애를 씁니다. 좋은 사람을 만나고, 좋은 것을 먹고, 좋은 집에서 살고 싶은 마음은 모두가 똑같습니다. 저는 인생을 잘 살기 위한 방법 중 하나로 매일 정리를 선택했습니다. 흐트러진 물건을 정리하고 복잡한 내 생각을 정리하고, 그러다 어느 날은 불필요한 시간을 허비하는 상황과 인간관계를 정리하기도 합니다. 이 모든 건 내가 인생을 살아가는 데 있어 강력한 힘이 됩니다. 참 재밌는 것은 나의 집, 나의 물건을 정리하는 간단한 리추얼[1]이 내 생각, 내 시간, 크게는 내 인생을 정리하고 새롭게 나아갈 수 있는 강력한 힘이 있다는 사실입니다. 제가 컨설팅한 어떤 고객은 엉망이 된 집에 살면서 사람과의 관계가 늘 어렵고 자신감도 없었는데, 이상하게 집 정리를 하고 난 후에 사람을 초대할 수 있는 공간이 생겼다는 것만으로도 자존감이 올라가고 집에 있는 시간이 행복해졌다고 말했습니다.

오래 묵은 짐을 정리하고, 집의 빈 공간을 새롭게 변화시키는 것은 단순한 일도 아무것도 하지 않은 것도 아닙니다. 정리는 사람의 인생을 바꾸는 간단하지만 강력한 힘이 있습니다.

[1] 리추얼: (항상 규칙적으로 행하는) 의식 절차, 의식과 같은 의례적인 일

PART 1

정리 스타일링,
공간을 재발견하다

01 공간이 사람을 쉬게 한다

여러분은 어떤 집을 좋은 집이라고 생각하시나요? 햇살이 가득한 집, 환기가 잘 되는 집, 주변 인프라가 좋은 집, 사생활이 잘 지켜지는 집, 아니면 부동산 가치가 높은 집까지. 주거의 조건이 다양할수록 좋은 집의 조건도 여러가지 입니다. 대학내일 2021년 3분 보고서[2]에 따르면 '주거 공간별 TOP5' 1위는 잠자는 공간, 2위가 휴식 공간, 3위가 취미 공간 순으로 인테리어 의향이 높다는 결과가 있었습니다.

우리는 점차 집을 잘 쉬고, 잘 자고, 잘 놀 수 있는 공간으로 만들고 싶어 하며 그런 집이 좋은 집이라고 생각하고 있습니다. 그렇다면 우리 집은 어떤 변화가 필요할까요?

보건복지부 '2021년 코로나19 국민 정신건강 실태조사'에 따르면 코로나19 발생 초기와 비교했을 때 자살률은 40% 증가했으며 5명 중 1명은 우울 위험상황에 놓인 것으로 분석되고 있습니다. 통계개발원이 발표한 '국민 삶의 질 2021' 보고서에서도 2021년 사회적 고립도는 34.1%로, 2009년 관련 통계 작성 이후 가장 높은 수치를 기록했습니다. 코로나19 이전인 2019년(27.7%)과 비교해 2년 새 6.4% 증가한 것입니다. 여러 매체들은 코로나19로 인해 주변 사람들과 대면할 기회가 줄어든 것이 사회적 고립도 증가에도 영향을 미쳤다고 분석했습니다.

[2] 데이터 플러스, 소비-리빙(2020년 11월) 바탕으로 제작

여러분 중 누군가도 팬데믹이 시작되고 어느 날 갑자기 강제로 집에 고립되면서 우울감을 가져 본 경험이 있을 겁니다. 그럴 때마다 우리 집이 우울함을 떨쳐버릴 수 있는 휴식 공간이 되어준다면, 집은 치유의 장소로 변할 수 있습니다.
살다보면 환경이 사람을 즐겁고 건강하게 만들기도 하고 때론 우울하고 답답하게 만들기도 합니다. 예쁜 카페에 잠시 다녀왔는데 힐링이 되더라고 많이들 이야기 하시죠? 그게 바로 환경이 우리를 즐겁게 해준다는 의미입니다. 독일의 학자 울리히의 연구[3]에 따르면 병실이 벽으로 둘러싸인 환자들보다, 자연이 보이는 풍경이 있던 병실의 환자가 훨씬 회복이 빨랐다는 연구 결과가 있었습니다. 만약 우리 집도 쾌적하고 아름다운 환경이면 어떨까요?
방금 말씀 드린 '쾌적'하고 '아름답다'는 이 두 가지 요소가 우리를 편안하고 기분 좋게 해주는 가장 쉽고도 가장 핵심적인 두 가지입니다. 우리는 아름다운 것을 흔히 '심미적이다' 라고 말하는데 그럼 쾌적한 공간, 심미적 공간을 구체적으로 어떻게 만들 수 있는지 방법을 제안해 보겠습니다.
첫 번째로 쾌적한 공간은 물건 정리와 동선 정리로 만들 수 있고, 두 번째 심미적 공간은 가구를 재배치해서 공간을 재구성 하고 소품 등의 활용으로 스타일링해서 만들 수 있습니다.

[3] 논문 출처: View through a window may influence recovery from surgery

*

환경은 사람을

즐겁고 건강하게 만들기도,

때로 우울하고 답답하게 만들기도 합니다.

여러분은 어떤 환경에 살고 계시나요?

쾌적함의 시작은 비움

아래의 사진 보이시나요. 아담한 방에 온통 물건이 뒤섞여 있어 앉아서 쉬고 싶다는 생각을 하기 조금 어려워 보이는 공간입니다. 두 번째 사진은 불필요한 물건을 비워서 필요한 물건을 편리한 동선으로 정리를 한 사진입니다. 여기서 느끼는 상태가 쾌적함입니다. 이렇게 공간을 쾌적하게 만들 수 있는 가장 쉬운 방법이 바로 비움입니다. 물건을 비우고 나니 비로소 공간이 쾌적해진 것입니다. 어떠신가요. 이제 쇼파에 눕고 싶어지셨나요? 물건을 지혜롭게 잘 버리는 방법도 곧 자세히 안내해 드리도록 하겠습니다.

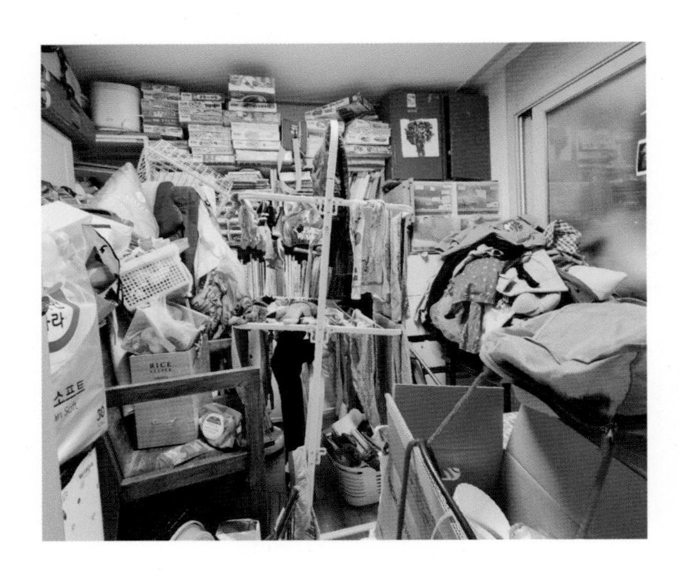

쾌적함과 직결되는 '청결'

그럼, 다음의 사진은 어디일까요? 창고도 아닌데 깊숙한 곳에서 빛이 보이기도 하네요. 바로 여기는 냉장고 내부입니다. 그런데 '앗, 이 냉장고 우리 집 냉장고인데' 하시는 분들 많이 계시죠? 우리의 흔한 모습일 수 있습니다.

도대체 언제 들어갔는지, 무슨 음식인지 알 수 없는 상태의 냉장고를 싹 비우고 닦고 정리했더니 여기서도 쾌적함이 느껴집니다. 이 쾌적함은 바로 청결함에서 오는 것입니다. 우리 집 냉장고에 벽돌같이 굳어버린 떡이 생각나신다면 지금 바로 냉장고 정리부터 시작하셔도 좋을 것 같습니다.

바이오
바이오
바이오
바이오
포도즙
굴소스
신선야채실
신선야채실
3단계
안심정수필터
돈가스소스
어간장

쾌적함을 만드는 세 가지 조건(습도, 온도, 채광)

다음의 공간은 어디일까요? 사진만으로 어디인지 구분이 가능하시다면 여러분은 공간 전문가입니다. 밥솥이 있고 가스레인지가 있는걸 보니 분명 주방으로 추측되는데, 사방이 다 막혀 있어서 어딘지 잘 모르겠죠?
여기는 과거 재능기부로 공간 정리를 해드린 가정입니다. 아이 셋 포함 다섯 식구가 살고 있는 가정으로 엄마가 심한 우울증과 저장강박증을 앓고 있었습니다. 그래서 쓰레기를 주워 와 집에 계속해서 쌓아 두는 바람에 지금 보이는 저 문이 밖으로 나가는 다용도실의 문인데도 열지 못하고 산지가 몇 년이었습니다. 그렇다면 이 집에서 과연 환기를 해본 적이 있었을까요?

이 집은 안타깝게도 각 방마다 문이 물건으로 가득 차서 어떤 문도 열 수 없는 환경이었습니다. 그래서 늘 공기가 눅눅하고 집 안에 온통 곰팡이가 가득했습니다. 당시 물건을 비우고 드디어 문이 열리자 막힌 속이 펑 뚫리듯 모든 전문가님들이 환호했던 순간을 잊을 수 없습니다. 이렇게 사람은 습도, 온도, 채광을 통해서 육체적으로도 심리적으로도 건강함을 느낍니다. 아마 답답했던 문을 열고 좀 더 쾌적한 온도와 햇살을 받을 수 있었더라면 의뢰인께서 심각한 우울증을 앓기 전에 조금이나마 도움이 되지 않았을까요.

다시금 말씀드리지만 문은 꼭 열어 환기할 수 있도록 하셔야 합니다. 특히 베란다는 집에서 중요한 환기 창문이 있기 때문에 베란다의 물건을 정리해서 반드시 문이 활짝 열리게 하셔야 합니다.

자 그렇다면 우리 집도 쾌적함을 가지고 있는지 한번 둘러보실까요? 베란다를 멋진 공간으로 탈바꿈시키는 정리법은 뒤에 상세하게 다룰 예정입니다. before 사진 속 베란다는 어둡고 칙칙하며 물건으로 가득찬 공간이었지만 after 사진의 베란다는 햇살이 듬뿍 들어오는 따뜻한 재택근무 공간이 되었습니다.

Before

After

심미성을 만드는 균형감

앞서 쾌적함을 만드는 방법을 살펴보셨다면 이젠 힐링 공간을 만드는 두 번째 요소인 심미성입니다. 심미성은 말 그대로 아름다움인데요. 집에서 느끼는 아름다움이란 첫 번째로 균형감을 들 수 있습니다.

균형감은 가구가 안정적으로 배치되어 있는 상태를 말 할 수도 있고 물건이 곧게 놓여 있는 상태일 수도 있습니다. 아래의 사진을 보시면 식탁이 놓인 방향이 달라졌죠? 세로로 길게 놓인 식탁은 공간을 비좁게 보이게 할 뿐 아니라 주방에서 요리하는 동선도 불편하게 만듭니다. 식탁을 가로로 배치했더니 공간이 넓어 보이고 주방 안쪽은 오히려 아늑한 요리 공간이 되어 동선 또한 안정적으로 바뀌었습니다. 이렇게 가구 배치로 균형감을 줄 때 집의 심미성이 느껴질 수 있습니다.

Before

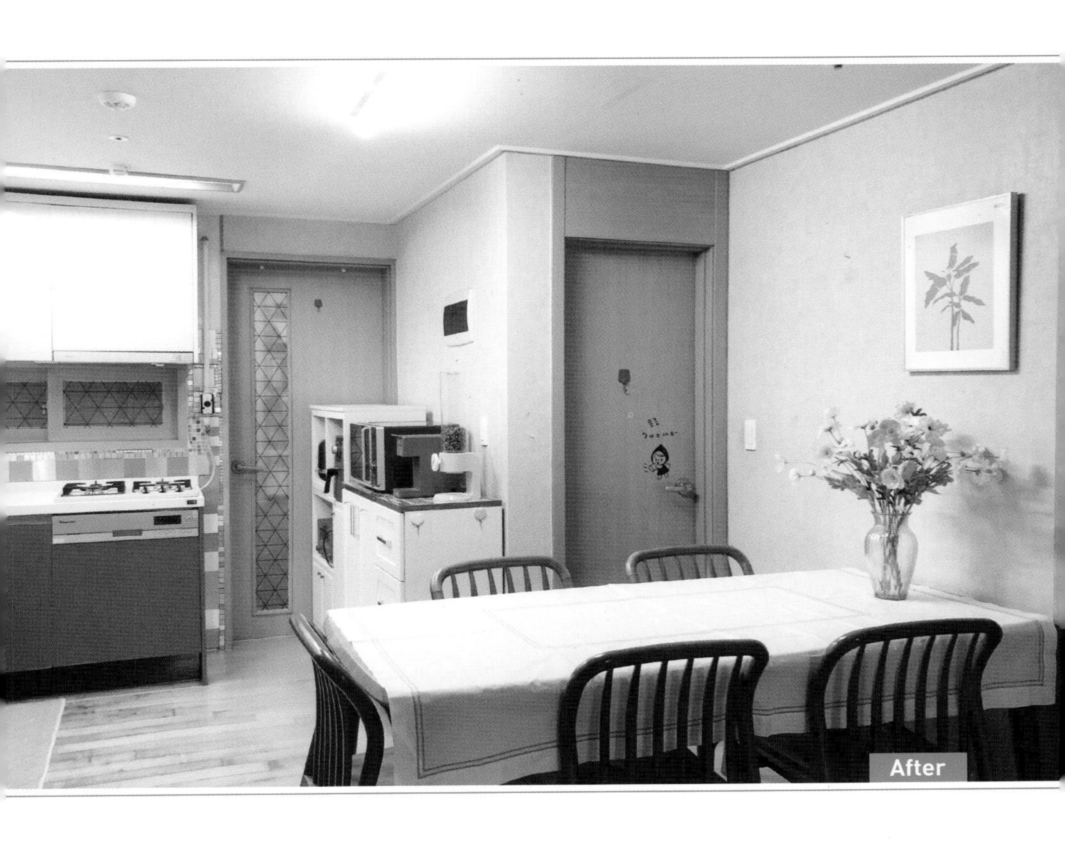
After

또 균형감은 가구의 높이도 중요합니다. 미국 미네소타대학 경영학과 조운 메이어스-레비 교수팀은 높은 천장 아래에서 문제를 푼 아이들이 성적이 좋았다는 연구 결과를 발표했습니다. 낮은 천장에서 문제를 푼 학생들보다 높은 천장 아래서 문제를 푼 학생들이 좀 더 자유롭고 창의적으로 생각하는 경향을 보인다는 연구 논문이었습니다.

만약 우리 집에 가구가 온통 벽을 가로 막고 있다면 벽의 여백을 만들어 주세요. 그리고 키가 너무 높아서 불안하고 답답해 보일 수 있는 가구를 낮고 안정적인 구조로 배치하면 공간을 더 여유있고 아름답게 만들어 줄 수 있습니다.

공간 재구성과 스타일링으로 만드는 심미적 공간

아래 사진을 보면 어떤 기분이 드시나요? 가로 세로 줄이 너무 잘 맞춰져 있어서 편히 만질 수나 있을까요. 이렇게 정돈된 집을 소셜미디어(SNS)에 업로드하면 많은 사람들이 '좋아요'를 누릅니다. 비록 우리 집은 아니지만 이렇게 정돈된 남의 집을 보면서 눈으로 힐링을 하는 거죠.

이렇게 물건을 정돈하여 균형감을 주는 것이 요즘 트렌드인 정리의 멋입니다. 정리 수납만 잘해도 집이 아름다워지는 마법입니다.

출처: 우먼센스

컬러가 주는 심미성

힐링 공간을 만드는 요소 중 색채는 집의 분위기를 바꿔주는 큰 역할을 합니다. 벽의 컬러만 바꿔도 집이 다른 분위기로 변하는 것처럼, 사람은 컬러를 통해 다양한 경험을 합니다. 다음은 컬러가 사람에게 주는 다양한 효과를 살펴보겠습니다.

■ **난색** Warm Color

난색은 일반적으로 색상환에서 빨강, 주황, 노랑 계열을 말하며 고명도 고채도 색상이 따뜻하게 느껴진다. 하지만 무채색에서는 저명도의 색이 따뜻하게 느껴지므로 흰색보다는 검정이 따뜻하게 느껴지기도 한다. 난색은 흥분과 식욕을 자극하고, 팽창과 진출의 느낌, 느슨하고 여유로운 감정 효과를 일으킬 수 있다.

■ **한색** Cool Color

한색은 일반적으로 색상환에서 청록, 파랑, 남색 계열을 말하며 저명도 저채도의 색상이 차갑게 느껴진다. 하지만 무채색에서는 고명도의 색이 차갑게 느껴지므로 흰색이 더 시원하거나 차갑게 느껴질 수 있다. 한색은 차분한 느낌을 주며, 수축과 후퇴의 느낌과 긴장되는 감정 효과를 일으킬 수 있다.

■ **중성색** Neutral Color

색상환에서 연두, 초록, 보라, 자주 계열의 색상은 난색과 한색 계통에 속하지 않으므로 중성색이라고 할 수 있다. 일반적으로 따뜻함과 차가움을 느끼지 못하지만, 명도가 조절되면 고명도의 경우 따뜻하게 느껴지고, 저명도의 경우 차갑게 느껴지기도 한다. 중성색은 중립적인 느낌과 마음의 안식을 주기도 한다.

이처럼 나 혹은 가족의 특성을 잘 알고 컬러를 사용한다면 눈으로 마음으로 즐거운 집을 만들 수 있습니다.

02 비우면 비로소 보이는 공간들

사진 속 집은 언제, 누구의 집이었을까요? 바로 과거 우리의 집, 우리 부모님들의 집이었습니다. 불과 1960년대의 모습인데요. 과거에는 주거 공간에 따로 주방이나 드레스룸이 없던 시절이 있었습니다. 방 하나가 주방 겸 거실이 되고, 비닐 옷장 하나에 온 가족의 옷을 보관하던 그런 시절이었습니다.

그러나 우리는 이제 부자가 되었습니다. 부자란 마음의 풍요일 수도 있고 정신적 풍요로움으로 정의할 수도 있습니다. 그러나 명확한 사실은 이제 우리가 살고 있는 집은 과거의 집보다 사이즈가 더 커졌고 물건도 그만큼 많아졌다는 것입니다. 또 마음만 먹으면 언제라도 원하는 물건을 가질 수 있습니다. 스마트폰을 켜고 터치 한 번이면 바로바로 물건을 사고 배송 받을 수 있는 아주 빠르고 스마트한 세상에 살고 있습니다.

그렇다면 우리는 이 많은 물건을 어디에 저장하고 있나요? 멋진 팬트리에 차곡차곡 식품을 저장하고 계신가요? 아니면 마치 쇼룸처럼 드레스룸[4]에 옷을 정리하고 계신가요? 이렇게 잘 정리하는 삶은 어쩌면 우리의 로망일 것입니다.

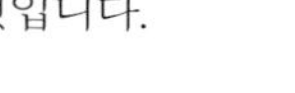
출처: 우먼센스

[4] 옷이나 가방, 액세서리 따위를 따로 보관하는 방.

현실은 물건을 어디에 둘지 몰라 방치하고, 때로는 물건이 너무 많아서 감당이 안 되는 상황까지 되었을지도 모르겠습니다. 뉴스나 시사프로그램을 통해 종종 물건을 버리지 못하고 계속해서 물건을 저장하는 사람들의 모습을 보신 적 있으실 겁니다. 현대 사회에서 더 늘어가고 있는 저장 강박증[5]은 여러 가지 이슈로 대두되고 있습니다. 또한 물건을 버리지 못하는 병리적인 장애가 아닐지라도 점점 더 많은 사람들이 물건에 집착하고 있으며, 집에 물건이 넘쳐나 집의 주인이 물건이 되어가는 경우도 많아지고 있습니다.

그럼 여기서 잠깐 재미있는 테스트를 하나 해보겠습니다. 만약 아래의 체크리스트에 5개 이상 해당된다면 저장 강박증일 가능성이 있고, 혹시 8개 이상이시면 내가 언제부터 물건에 이렇게 집착했는지 한번쯤 생각해 보는 시간을 가지면 좋을 것 같습니다.

[5] 저장 강박증이란 강박장애의 일종으로 저장 강박장애, 저장 강박 증후군 또는 강박적 저장 증후군이라고도 부릅니다. 어떤 물건이든지 사용 여부에 관계없이 계속 저장하고, 그렇게 하지 않으면 불쾌하고 불편한 감정을 느끼게 되는 것을 말합니다.

저장 강박 자기 진단 테스트

- ☐ 공짜 물건들을 모은다.
- ☐ 한 번도 쓰지 않은 물건마저 못 버리고 모든 물건을 보관한다.
- ☐ 두서없이 물건을 모으고 정리정돈을 하지 못한다.
- ☐ 물건을 모으지 않으면 기분이 나빠진다.
- ☐ 혼자 있는 시간이 많다.
- ☐ 요즘 불안감이 매우 커졌다.
- ☐ 모든 소유물을 가족들이 만지지 못하게 하며 귀중한 보물처럼 여긴다.
- ☐ 보통 말을 할 때 장황하게 말한다. 질문을 간단하게 대답하지 못하고 아주 세세한 설명까지 덧붙인다.
- ☐ 결정을 내리는 것과 집중력이 약해져서 판단력이 매우 떨어짐을 느낀다.
- ☐ 우울감이 높고 충동구매가 잦다.

지혜롭게 물건 버리는 방법

그럼 저장 강박증과 상반되는 미니멀라이프에 대해 이야기 해보겠습니다. 미니멀라이프는 현 시대 라이프 트렌드를 대표하는 용어가 될 만큼 상당히 많은 사람들의 삶에 변화를 주고 있습니다. 그렇다면 '미니멀라이프'는 무엇이라고 생각하시나요?
많은 분들이 쉽게 미니멀라이프는 물건을 버리는 삶이라고 생각합니다. 그래서 흔히들 가구도, 전자제품도 아무것도 없는 텅 빈 삶을 상상하시는 분도 있습니다. 미니멀라이프는 무엇을 버리는 것이 아니라 가치 있고 나에게 중요한 것들만 남겨, 물건의 홍수 속에서 잠시 벗어난 삶을 말합니다. 앞으로 무엇이든 무조건 버리는 것은 올바른 미니멀라이프가 아니라는 것을 다시 한 번 살펴가면서 이야기를 이어나가도록 하겠습니다.
혹시 스웨덴의 '라곰 문화'를 들어보신 적 있으신가요. 라곰 문화는 '적당하다'는 말로 부족하지도 과하지도 않은 딱 알맞은 충분한 양을 이야기 합니다. 물건을 무조건 비우는 것이 답이 아니라 우리 가족에게 필요한 물건을 파악하는 연습, 선별하는 능력을 갖고 알맞은 양을 유지하는 것이 진정 삶을 행복하게 하는 물건 비우기 방법입니다.

물건 버리기 연습

"당신은 오늘도 얼마나 버렸나요?" 미니멀한 삶을 위해서 버리기에만 집중하는 분들이 있습니다. 앞서 말했듯이 버리는 것만이 답은 아닙니다. 그렇다면 현명하게 물건을 선택하고 물건을 비우는 기준을 만들어 보도록 하겠습니다.

▪ 하나를 사면 버리기

측량규제의 법칙입니다. 예를 들어 나의 옷장에 딱 10개의 셔츠가 수납되어 있다면 새로운 셔츠를 구매할 경우 먼저 있던 셔츠 중 1년 이상 입지 않았던 셔츠를 배출하는 것입니다. 이러한 법칙은 적당한 양을 유지하고 물건을 모두 사용할 수 있는 규칙이 됩니다.

▪ 물건을 나누거나 팔기

우리가 물건을 버리지 못하는 이유 중 가장 큰 이유는 바로 아까워서입니다. 내가 사용하지 않아서 자리만 차지하고 있다면 버리는 것이 아니라 주변을 위해 나누시면 좋습니다. 나에게 필요 없는 물건은 남에게 필요한 물건이 되기도 한다는 사실, 기억해 주세요.

▪ 어떤 물건이 설렘을 주는지 스스로에게 질문하기

식품이 아닌 물건에도 분명히 유효기간이 있습니다. 물건의 유효기간이란 바로 내가 그 물건에 설렘이 있는지 확인하는 것입니다. 곤도마리에의 책 『설레지 않으면 버려라』라는 책처럼 물건이 나에게 설렘을 주는 유효 기간이 지났다면 그 물건은 나에게 필요 없는 물건일 수 있습니다.

비우는 방법 중 물건을 주변에 나누는 것은 행복이 되기도 합니다. 때로는 수익을 만들어 주기도 하고 나의 물건이 누군가에게 필요한 물건이 된다는 행복을 느낄 수도 있습니다. 요즘 새롭게 급부상하는 중고 거래 마켓을 이용하거나 주변에 기부할 수 있는 곳들을 찾아 정리한 물건을 나눠보는 것도 좋은 경험이 될 수 있습니다.

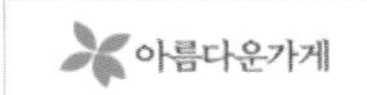

당신이 지금 버리고 싶은 것은 무엇입니까?

내 주변을 비운다는 것은 물건만이 아닙니다. 내가 현재 가장 비우고 싶은 것은 무엇일까요?

■ 추억이라고 여겼던 물건들

추억이라고 생각하는 물건은 딱 하나의 박스면 됩니다. 가족의 수가 많다면 박스의 수를 늘려도 되지만 추억상자를 만들어 정했다면 추억의 물건은 그 상자의 양 만큼을 유지합니다.

■ 아직도 뜯지 않은 물건들

뜯지 않은 물건들이 많다는 것은 중복 구매의 오류일 가능성이 높습니다. 집안에 있는 물건의 수를 파악하지 못할 때 우리는 중복 구매를 하게 됩니다. 내가 가지고 있는 물건들은 박스에서 꺼내어 수량을 파악할 수 있도록 체크하고 수납해 놓는 것이 좋습니다.

■ 저장 과부하된 뇌

현대인은 지나치게 많은 데이터를 우리의 뇌에 저장하려고 합니다. 많은 정보로 인하여 소비에 대한 욕구를 충동시키거나 너무 많은 생각으로 일상이 피곤해 집니다. 가벼운 삶을 살기 위한 방법 중에 생각 정리도 중요한 부분입니다. 단순히 물건 정리가 아닌 일상을 심플하고 건강하게 만들 수 있는 생각 정리가 필요합니다.

■ 인간관계

여러분의 휴대폰에 저장되어 있는 연락처를 정리해 보신 적 있으신가요? 불필요한 카톡방이 너무 많아서 한번쯤 그 방에서 나가고 싶다고 생각하신 적은 없나요? 우리는 하물며 SNS를 통해 더 많은 인간관계를 가지고 싶어 합니다. 그러나 정말 나에게 꼭 필요한 인간관계는 얼마큼일까요? 1년에 한 번씩 저장되어 있는 연락처를 체크하고 정리하는 건 더 친밀하고 가까운 인간관계를 유지하기 위한 과정입니다.

이제 비우기 전에 3가지만 기억하세요. 첫 번째, 버리기 쉬운 것부터 시작합니다. 옷, 책 등 많이 쌓아두고 있는 버리기 쉬운 물건부터 시작하면 비움이 더 수월할 수 있습니다. 두 번째, 소비부터 주의하세요. 소비를 덜 하는 습관보다 소비를 잘하는 습관이 중요합니다. 세 번째, 생활을 불편하게 한다면 멈추는 것이 좋습니다. 더 비워야 한다는 마음도 집착이 될 수 있습니다. 적당하고 알맞은 삶을 유지하기 위해 버리는 것임을 잊지 않는 것이 중요합니다.

비우고 나누면 그 자리에 더 필요한 물건이나 시간을 보낼 수 있는 공간이 생기기도 합니다. 앞으로 나만의 버리기 기준을 정하고 소중한 물건들로만 공간을 채워 삶의 만족도를 더 높여보세요.

정리 루틴을 만드는 체크리스트

아침 루틴

1 기상하면 창문 열고 환기하기
2 자고 일어난 자리 정돈하기&이불 털기
3 세면 후 거울 물기 닦기
4 아침 운동을 하듯 구석구석 청소기 돌리기
5 미뤄두었던 청소 및 정리 체크하기

일상 루틴

1 매일 1개, 15분 정리 패턴 지키기
2 현관에 나와 있는 신발은 외출 할 때마다 신발장 안에 넣기
3 택배 박스는 잘 정리해서 접어놓기
4 가구 위에 물건 쌓아두지 말기
5 바닥에 떨어져 있는 물건 제자리에 옮겨 두기

저녁 루틴

1 잠자기 전 빨래는 빨래 바구니에 넣어두기
2 건조된 빨래는 개어서 같은 자리에 정돈하기
3 설거지가 끝난 그릇 제자리에 넣기
4 하루 하나 서랍 살피기 (화장대서랍, 옷장서랍, 책상서랍 등)
5 다음날 입을 옷 미리 꺼내서 걸어 놓기

PART 2

삶이 달라지는 1일 1정리 루틴

01 아침 시간을 단축하는 화장대 정리

날마다 마주하는 화장대, 적어도 우리는 하루에 한 번 이상 화장대에 앉는 시간을 갖습니다. 화장대는 나의 얼굴을 단장하는 유일한 공간임에도 불구하고 뒷정리는 제대로 하지 못하는 경우가 많습니다. 오랜 시간 쌓아둔 화장품 무덤에서 필요한 화장품을 찾는데 어려움이 있었던 적 다들 있으시지요? 지금 나의 화장대에도 산더미처럼 물건이 쌓여져 있다면 이번 기회에 정리해 보는 것을 추천드립니다. 나를 가꾸는 시간을 좀 더 쾌적하게 만들어 매일 아침, 기분 좋은 하루를 시작할 수 있습니다.

화장대를 정리하지 않으면 반복되는 악순환이 있습니다. 바로 유통기한이 지나서 사용할 수 없는 화장품을 그대로 사용하고 있거나 불필요하게 가지고 있어야 한다는 것입니다. 화장품을 안전하고 건강하게 사용하려면 먼저 가구의 기능을 잃어버린 화장대 상판을 비워야 합니다. 특히 유분기가 많은 화장품 종류들은 먼지에 노출되면 관리가 더욱 어려워지므로 최대한 서랍이나 내부에 수납하고 상판을 비워서 가구 본연의 기능을 찾을 수 있도록 정리해 주세요.

우리는 왜 화장대 정리가 어려울까?

우리는 왜 화장대 정리를 쉽게 하지 못할까요. 먼저 가장 큰 이유는 화장품 종류가 매우 다양하다는 것입니다. 기초, 기능성, 색조, 립, 파우더 등. 너무 다양한 종류의 화장품이 한 곳에 섞여있기 때문에 정리의 엄두가 잘 나지 않습니다. 또 다양한 용도의 도구가 많습니다. 드라이기, 고데기, 얼굴 마사지기, 브러시 등. 부피와 크기가 각자 다른 도구들이 큰 자리를 차지하고 있기 때문에 정리가 쉽지 않습니다. 그럼 서랍 속에 둔 액세서리 종류는 어떨까요. 보통 화장대나 화장대 서랍에 보관하는 액세서리들은 작고 다양한 종류가 모두 제 멋대로 섞여있는 경우가 많습니다. 목걸이, 귀걸이, 반지, 시계 등 먼지가 섞여 보관되면 액세서리의 수명도 짧아질 수 있기 때문에 주의 깊게 정리가 필요합니다. 그럼 간단하게 화장대 정리하는 방법을 한번 살펴볼까요.

초간단 화장대 정리법

- 제품을 종류별로 구분하여 수납한다. (기초, 색조, 헤어 등)
- 화장대 위에는 서랍에 들어가지 않는 제품만 올려둔다.
- 작은 소품은 서랍 안에 칸을 나누어 보관한다.
- 수납 도구는 투명한 것을 사용하는 것이 바람직하다.
- 화장품의 사용 기한과 보관 방법을 꼭 지킨다.
- 불필요한 샘플을 받지 않는다.
- 얼굴에 닿는 붓, 퍼프 등은 최대한 청결하게 관리한다.

초간단 화장대 정리 Step

Step 1	꺼내기&분류하기	▶▶	기능별, 종류별
Step 2	처분하기	▶▶	안쓰는 것, 유통기한 지난 것
Step 3	자리배치	▶▶	사용 동선 고려
Step 4	수납하기	▶▶	최대한 서랍 속, 세로 수납
Step 5	유지하기	▶▶	청소, 정리

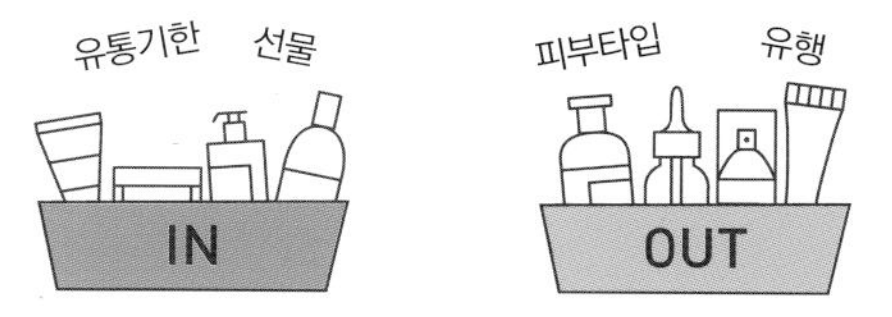

화장품 정리에서 꼭 필요한 것은 제품의 유통 기한을 확인하는 것입니다. 보통 화장품의 유통기한은 3년이며, 개봉 후 사용기한은 종류별로 각각 다릅니다. 때문에 개봉일을 라벨링 해두는 것은 필수이며, 개봉한 화장품은 별도로 라벨링 한 날짜를 잘 확인하여 배출하는 것이 좋습니다.

일반적인 화장품 개봉 후 사용기간

1 마스크 시트·샘플: **즉시 사용**
2 에센스, 세럼 등 기능성 화장품: **6~8개월 이내**
3 기초·메이크업 화장품: **12개월 이내**
4 클렌저: **18개월 이내**
5 수분 없는 파우더, 팩트: **24개월 이내**

화장대 상판 정리하기

화장대 위의 상판은 반드시 비워서 최대한 서랍 안으로 수납하는 것이 좋습니다. 화장대 위에 물건을 쌓아두기 시작하면 화장을 할 수 있는 공간이 부족해져 결국 화장대를 두고 다른 곳에서 화장을 하는 경우가 생길 수 있습니다. 가구가 제 기능을 하지 못하는 이유 중 하나도 물건을 상판 위에 쌓아두어서입니다.

화장대 서랍 정리하기

상판 위에는 매일 사용하는 기초 화장품과 향수 정도만 올려두고 화장대 서랍 안으로 화장품을 종류별로 분류하여 수납합니다. 이때 종류를 나눠주는 도구를 사용하면 좋습니다. 서랍 트레이나 버려지는 단단한 박스 등을 활용해도 좋습니다.

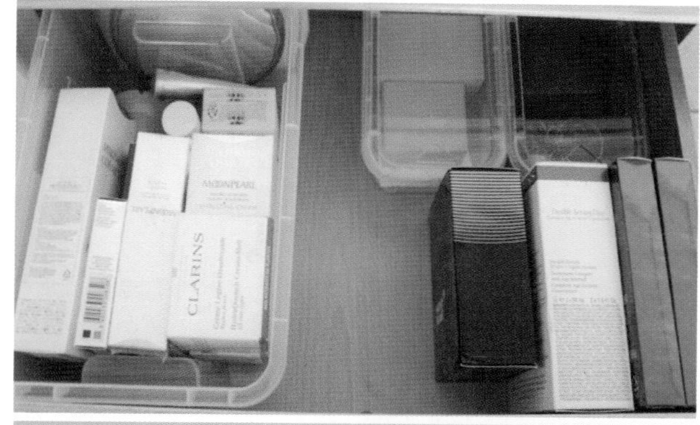

샘플 화장품 수납하기

샘플 화장품은 양이 점점 많아지면 공간을 불필요하게 차지하므로 모으지 않는 것이 가장 좋지만, 만약 샘플이 너무 많다면 성분이나 사용법 별로 분류하여 지퍼백에 담아 보관합니다. 단 종류와 사용기한을 반드시 표시하여 빨리 사용하는 것을 권해드립니다.

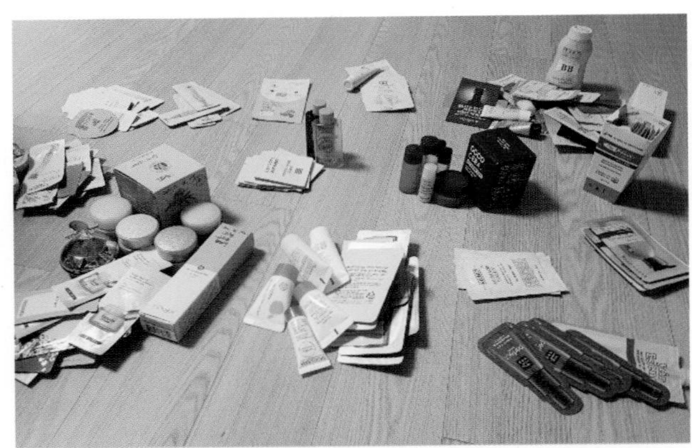

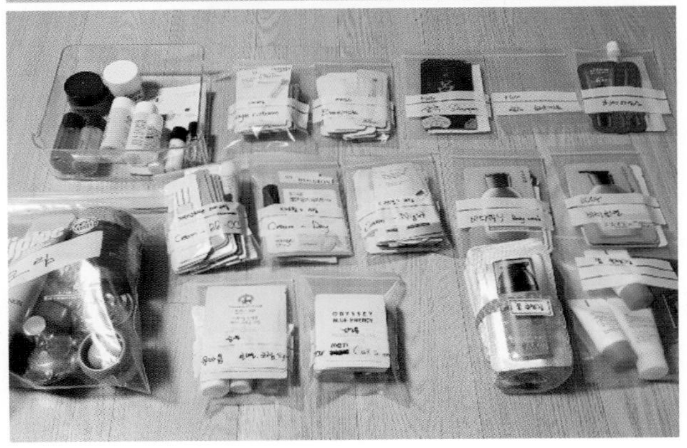

유통기한이 지난 화장품은 청소 도구로 사용하기 좋습니다. 아래의 방법을 참고하여 유통기한이 지난 화장품이나 샘플 화장품을 버리지 않고 청소할 때 사용하는 것도 좋은 방법입니다.

- **토너**: 화장대 청소하기. 먼지가 쌓인 곳 어디든 화장 솜에 스킨을 묻혀 닦아주면 먼지와 이물질이 제거 된다.
- **영양크림**: 가죽 제품 닦기. 가죽의 얼룩도 쉽게 제거되며, 가죽의 광택도 살려 준다. 단 어두운 가죽에만 사용하길 권한다.
- **네일 리무버**: 볼펜 자국 지우기. 화장 솜에 넉넉하게 묻힌 후 옷에 묻은 볼펜 자국 위에 톡톡 두들겨 준다. 단, 절대 문지르는 행위는 금물이다.
- **선크림**: 녹슨 철 닦기. 선크림을 발라 문지른 후 티슈나 물을 이용해 깨끗하게 닦아주면 끝! 선크림 안의 오일 성분이 녹을 제거하는데 탁월한 효과를 준다.
- **립스틱**: 변색된 은 세척하기. 립스틱을 휴지에 마구 바른 후 변색된 은제품을 닦아주면 새 제품처럼 반짝거림이 생겨난다.

살림꿀팁! 정리꿀팁!

공병 재활용하기

화장품의 내용물은 반드시 분리하여 배출하고 남은 빈병은 다용도로 재활용하여 사용하거나 분리 배출합니다.

화장품 분리수거하기

다 쓴 화장품의 내용물을 비운 후 케이스는 용기 뒷면의 분리 배출 표시에 따라 분리 배출합니다.

다양한 방법으로 액세서리 정리하기

액세서리는 먼지에서 자유로울 수 있는 서랍 안에 정리하는 것이 가장 좋으며, 종류별로 분류하여 수납해야 찾기가 좋습니다. 칸이 분리되어 있는 수납 도구 혹은 얼음 트레이를 사용해서 수납하거나 초콜릿 케이스 같은 재활용품을 활용해도 좋습니다.

다양한 방법으로 액세서리 보관하기

액세서리를 벽에 걸어서 사용하면 한눈에 보여서 쉽게 찾을 수 있고 무엇보다 얇은 목걸이 줄의 엉킴을 방지합니다. 코르크판이나 부착용 스펀지판을 화장대 옆 혹은 옷장 문 안쪽에 부착하고 액세서리를 수납해 놓으면 오염이 덜 되어 좋습니다. 또, 변질될 우려가 있는 주얼리는 공기가 통하지 않도록 지퍼팩에 넣어서 보관하는 것이 변질을 방지합니다.

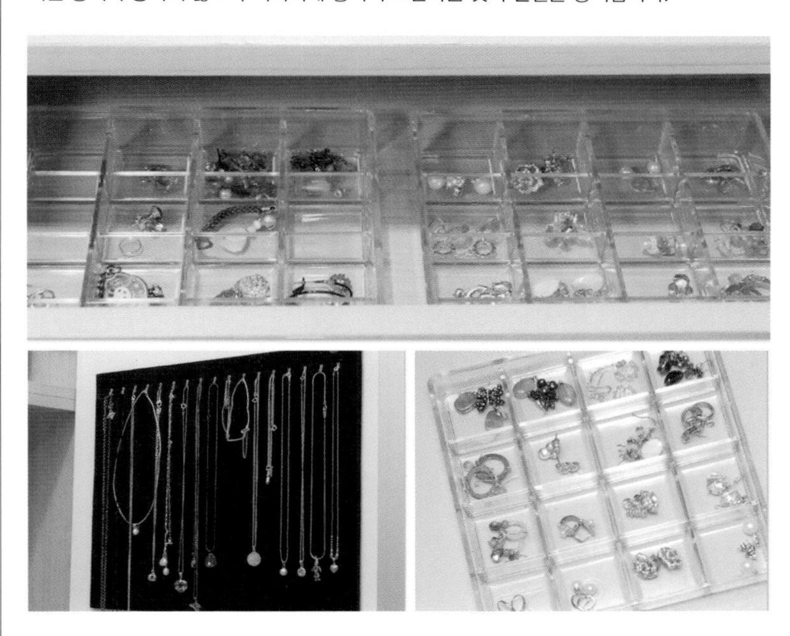

메이크업 브러쉬 보관하기

메이크업 브러쉬는 서로 맞닿지 않게 보관하는 것이 위생적입니다. 컵이나 트레이에 커피원두, 쌀, 콩 등의 곡류를 넣어서 꽂아두면 편리하고 습기 방지에도 좋습니다.

02 초간단 옷 개기, 수건 개기, 이불 개기

옷, 수건과 같은 면 소재의 물건들은 잘 개서 보관하는 것이 중요합니다. 깨끗이 세탁하고 단정하게 개서 효율적으로 수납하는 방법을 알아두면 집 구석구석을 정갈하게 관리할 수 있습니다. 특히 옷과 수건은 세탁 후 건조가 되면 바로 수납으로 이어질 수 있도록 미리 수납함을 가져다 놓고 개어 넣는 것도 좋습니다.

반면 이불은 부피감이 있기 때문에 개는 방법도 중요하지만 보관하는 방법에 유의해야 합니다. 계절마다 바꿔 사용해야하는 번거로움 때문에 많은 분들이 압축팩을 사용하여 보관합니다. 그러나 압축팩은 이불의 구김과 내장재 손상을 가져올 수 있으므로 되도록 사용하지 않고 이불까지 압축되도록 개는 방법으로 보관하는 것이 좋습니다.

1 청바지 개기

청바지는 구김에 예민한 소재가 아니므로 거는 공간이 부족할 때는 개어서 서랍이나 행거 하단의 틈새 공간에 수납함에 수납하는 것도 좋습니다.

2 티셔츠 개기

티셔츠 중 목깃이 있는 티셔츠는 옷걸이에 걸어 보관하는 것이 구김을 예방 할 수 있으므로 최대한 걸고, 공간이 부족하면 개어 수납합니다.

3 아이 내복 개기 (니삭스 개기와 동일)

아이들의 내복은 물론, 성인 옷의 경우도 상·하의가 세트로 되어 있는 옷은 하나씩 없어지는 경우가 종종 있습니다. 그러므로 두 벌이 하나인 옷은 세트로 묶어서 흩어지지 않게 개어 보관하도록 합니다.

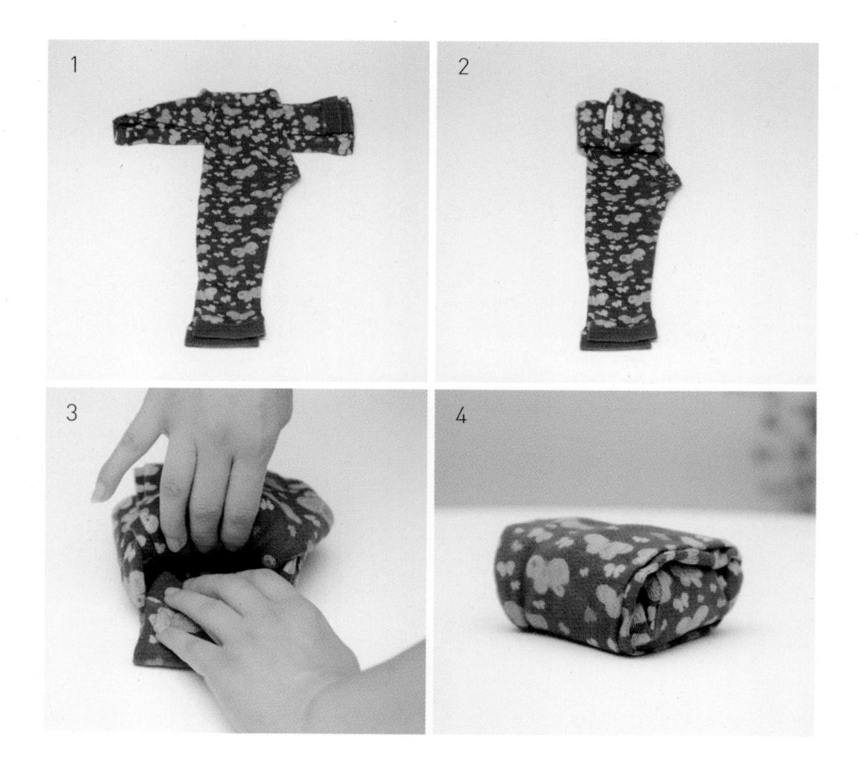

4 속옷 개기

속옷은 종류별로 분류해서 보관하고 개었을 때 부피감을 적게 만들어 서랍 안쪽 먼지에 노출되지 않도록 수납해야 합니다. 여성의 브래지어는 패드가 있으므로 반으로 접거나 구겨 넣으면 안됩니다. 속옷은 모양 그대로를 유지할 수 있도록 수납해야 오래 입을 수 있습니다.

5 후드 티 개기

후드티는 모자 부분의 부피감으로 여러 벌을 걸면 공간을 많이 차지하는 단점이 있습니다. 이럴 때 모자 부분에 몸체 부분을 넣어서 개면 부피감을 줄이고 서랍이나 수납함에 더 많은 후드티를 수납할 수 있습니다. 또, 여행 시 캐리어에 넣어가면 베개 대용으로 활용해도 좋은 사이즈로 만들어 집니다.

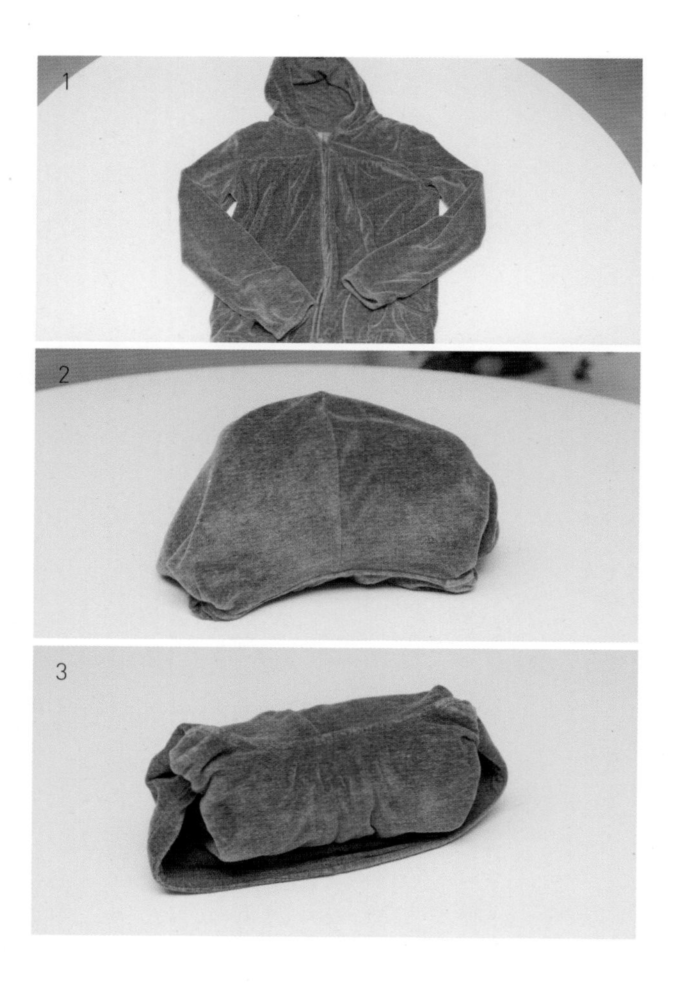

6 민소매 티셔츠 개기

민소매 티셔츠는 컬러나 소재로 구분 되는 디자인이 많으므로 어깨 부분을 갤 때 살짝 노출되도록 하면 골고루 골라 입기에 편리해 집니다.

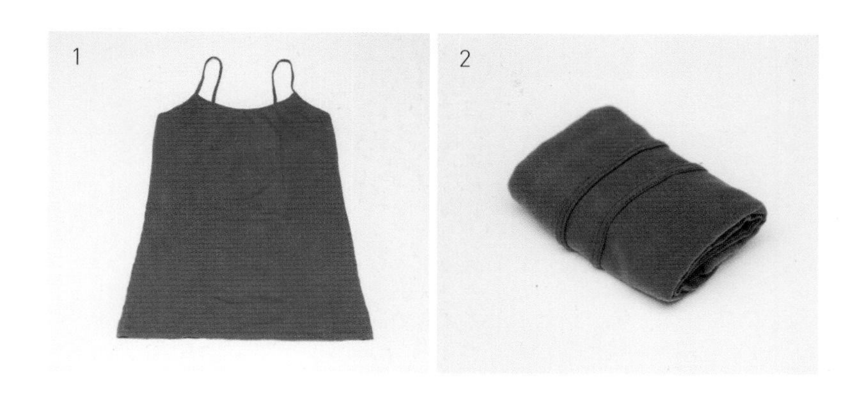

7 양말 개기

양말은 두 짝이 서로 풀리지 않도록 개는 것이 중요합니다. 양말 두 짝을 십자가 모양으로 펴주고 포갠 후에 접어주면 깔끔합니다.

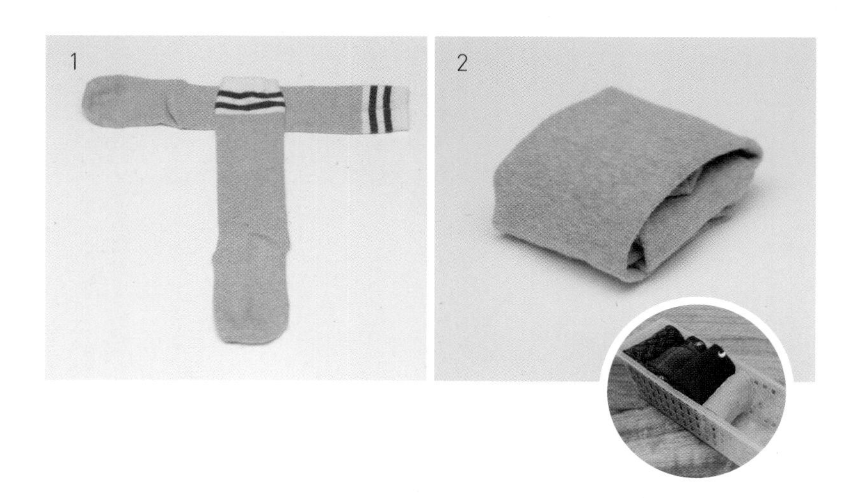

그 밖에 개어진 옷은 서랍이나 수납 도구에 세로로 수납하는 것이 좋습니다. 세로로 수납하면 모든 옷이 한 눈에 보이고 옷을 꺼내면서 수납 자리가 흐트러지지 않으므로 다음에 사용할 때도 편리합니다.

초간단 수건 개기

수건은 매일 자주 사용하기 때문에 개는 모양 보다 수건의 위생 상태와 재질 관리가 더 중요합니다. 수건은 자주 삶아주면 좋지만 그것도 귀찮은 일이 될 수 있으므로 베이킹소다에 담가서 세탁하거나 식초물에 담가둔 후 세탁하여 환풍과 햇살 좋은 곳에서 건조하면 냄새나지 않는 수건으로 사용할 수 있습니다. 수건은 우리집 수납장이나 욕실의 여건에 맞는 모양으로 개어서 보관하고 개어진 수건은 욕실장이나 바구니에 세로로 수납합니다. 만약 아이가 있는 경우라면, 수건으로 다양한 모양을 구연해 변화를 주어도 재미있는 경험이 될 수 있습니다.

1 일반 수건 개기

사각 접기

호텔 수건 접기

삼각 접기

2 비치 타올 개기

3 토끼 모양으로 접기

4 수건 수납하기

철지난 이불 정리

압축팩을 사용하면 다음 해에 이불을 꺼냈을 때 제대로 복원이 안되는 경우가 있어 되도록 사용하지 않는 것이 좋습니다. 흐물거리는 소재의 담요나 이불은 돌돌 말아 틈새에 보관하거나 서랍 안에 보관해도 됩니다. 베개 커버나 매트리스 커버는 서랍 안에 세로로 수납하여 한눈에 보이도록 하면 찾기가 쉽습니다.

계절 옷 보관하기

패딩 같이 부피가 큰 옷은 여름이 오기 전 따로 보관하여 옷장 공간을 확보하는 것이 좋습니다. 이때 사용하지 않는 재활용품을 사용하여 보관하는 팁으로 스타킹에 돌돌 말아 보관하는 방법과 슈트케이스에 넣어서 보관하는 방법이 있습니다. 이렇게 부피를 줄여 옷장 틈새에 보관하거나 수납함에 넣어서 보관하면 간편하게 계절 옷 보관이 가능합니다.

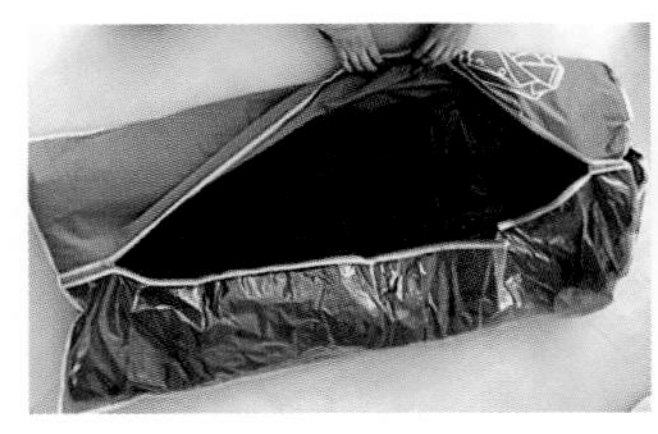

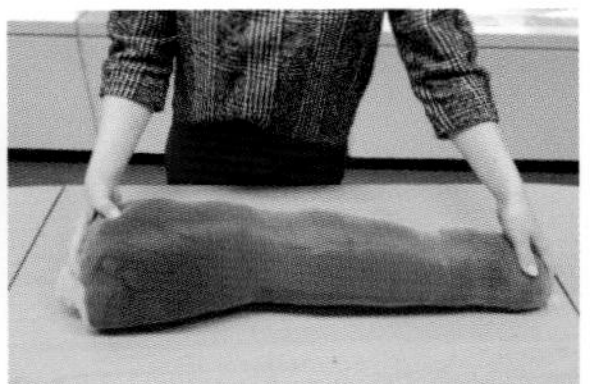

출처: 매일경제 2016.02 이가희 기자

03 하루 한 번 브런치 정리

"오늘 오랜만에 집 정리 한번 해볼까?" 단단히 마음을 먹으면 갑자기 거창하고 부담스러운 작업이 됩니다. 그야말로 끝이 있어야 하는 '일'로 느껴지기 때문입니다. 그러나 우리가 날마다 삼시세끼 식사(食事)를 하는 것도 한자 그대로 끼니를 먹는 일입니다. 정리도 매일 브런치를 먹듯 하루 15분 습관을 갖는다면 나와 내 주변이 분명 달라질 것입니다.

업무 효율을 높여주는 책상 정리

'주의가 산만하다'는 얘기 들어본 적 있으신가요. 주위 환경이 어수선하여 질서나 통일성이 없다는 의미입니다. 주위 환경이 산만해지면 집중력이 떨어지고 생각과 행동이 산만해 질 수 있습니다. 특히 책상에서 오랫동안 업무를 하는 경우는 더욱 신경써야할 부분이 바로 책상 위입니다. 책상의 물건이 산만하게 흩어져 있거나 제자리를 찾지 못하면 업무 중 주의력이 떨어지고 필요한 물건을 찾느라 의미없이 시간과 에너지를 소비할 수 있습니다. 이는 업무의 스트레스를 과중하게 만드는 원인이 됩니다.

업무의 효율을 높여주는 책상의 이상적인 모습은 바로 스트레스를 줄여주는 책상입니다. 책상 역시 화장대와 마찬가지로 제 기능을 최대치로 활용할 수 있도록 해야 합니다. 우선 가장 중요한건 상판 위는 반드시 비워야 한다는 것입니다. 그리고 물건을 수납하는 일은 상판 외 구역을 활용합니다. 서랍, 책장, 보조 수납장 등 구역을 나누고 물건의 자리를 만들어 자주 쓰는 물건부터 서랍 위 칸이나 가까운 위치에 수납할 수 있도록 합니다.

또한 책상과 컴퓨터는 파일 정리부터 시작해야 합니다. 업무에 필요한 서류를 종류별, 날짜별로 파일링[6]하고 업무에 필요할 때 쉽게 찾을 수 있도록 수납해 보세요. 업무가 훨씬 수월해지고 다른 물건들도 제자리에 넣고 사용하고 싶어질 것입니다.

6 파일링(filing): 서류 철하다.

The
LIFE

*

업무의 효율을 높여주는
책상의 이상적인 모습은 바로
스트레스를 줄여주는 책상입니다.
책상 역시 제 기능을 최대치로
활용할 수 있도록 상판 위는
반드시 비워주세요.

하루 5분 가방 정리

매일 들고 다니는 내 가방은 마치 분신과도 같습니다. 집 밖을 나서는 순간부터 가방은 하나의 작은 집이기도 합니다. 그 안에 꼭 필요한 물건을 넣어두고 필요할 때 마다 꺼내 쓰는 모양이 닮았기 때문입니다.

가끔 가방 정리를 하다 보면 한번 들어간 물건은 절대로 꺼내지 않고 가방 안에서 이리저리 굴러다니는 모습을 목격할 때가 있습니다. 이런 경우, 가방 안을 우리 집으로 생각하고 방을 나눈다고 생각해 봅시다. 이미 칸이 나누어져 있는 가방이라면 더욱 편리할 것이고, 가방 안에 칸이 나누어져 있지 않다면 이너 파우치 같은 것을 사용하여 물건들을 끼리끼리 넣어두는 것이 좋습니다. 가방 안에 무엇이 들어있는지 모른 채 오랜 시간 방치되어 정작 물건이 필요할 때는 사용하지 못하는 실수를 줄이게 됩니다.

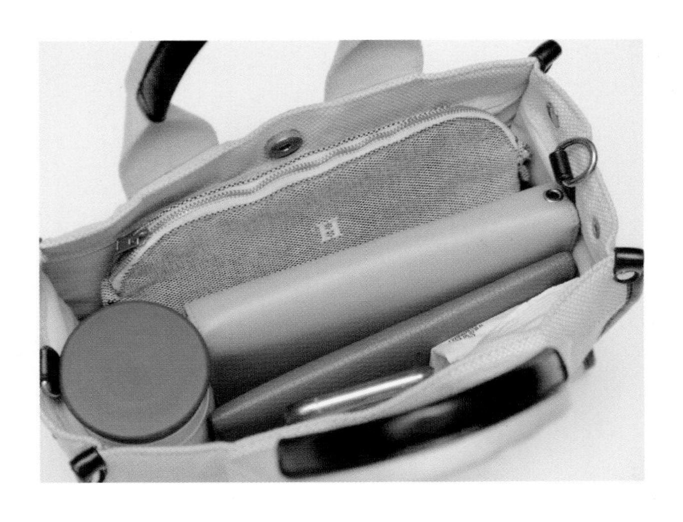

가방 정리를 할 때는 일단 가방 속 물건을 모두 꺼내는 것이 좋습니다. 시간이 지나 넣어둔 줄 몰랐던 물건을 비우고, 물건의 제자리를 찾아 칸을 나눕니다. 그리고 종류별로 물건을 담습니다. 여기서 가장 중요한 것은 언젠가 필요할 것 같아서, 정말 필요한지 아닌지 모르겠는 물건들로 가방 안을 가득 채우지 않는 것입니다.

주기적으로 관리가 필요한 차량 정리

차량은 무게가 무거울수록 주유 에너지가 빨리 소모된다는 사실 알고 계셨나요? 차량의 트렁크는 용도에 따라 다르게 사용되지만 오직 물건을 실어 나르는 용도만 있는 것은 아닙니다. 그렇기 때문에 차량의 트렁크가 우리 집 창고를 대신할 공간으로 사용하는 일은 없어야 합니다. 혹시 그동안 트렁크에 온갖 물건들을 가득 싣고 다녔다면, 가족과 함께 사용하는 공간임을 생각해 좀 더 가볍고 깔끔하게 정리해 보시길 추천드립니다.

트렁크는 문을 열고 내부를 자주 청소해 주는 것이 물건 정리보다 더 중요합니다. 트렁크에서 먼지를 계속 머금고 있는 물건들이 있다면 가족들이 차안에서 먼지를 고스란히 들여 마시고 있다는 증거일 수 있습니다.

트렁크를 정리할 때는 내부의 물건을 모두 꺼내고 트렁크의 먼지 및 오염을 먼저 청소합니다. 그 후에 상시 보관이 필요한 물건 먼저 자리를 만들어 수납하고, 필요에 따라서 미래에 수납 예정인 물건의 자리를 미리 고려해 공간을 비워두는 것도 좋습니다. 또한 관리 차원에서 차량용(휴대용)청소기, 비상용 우산 등은 항상 수납하는 물건으로 트렁크에 넣어두는 것이 좋습니다.

여행 캐리어 정리

여행을 떠나기 전, 짐을 싸는 과정부터가 설렘의 시작이죠. 짐을 꾸리는 시간조차 즐거운 여행 캐리어 정리가 생각보다 어려운 분들도 많으실 겁니다. 너무 기쁜 나머지 온갖 물건을 넣었지만 정작 여행지에서는 한 번도 사용하지 않고 짐만 되어 돌아왔던 기억들이 있을 것입니다. 여행지에서는 여행 목적에 맞는 선택과 집중을 통해 즐거운 시간을 보내는 것이 우선입니다. 그러므로 여행 가방에는 꼭 필요한 물건만 넣어서 가볍게 떠나는 것이 좋습니다.

먼저 여행을 떠날 때는 여행 일정에 맞게 가방의 크기를 정하는 것이 우선입니다. 그리고 가방 크기에 맞는 물건 리스트를 정합니다. 캐리어를 모두 비우고 물건을 넣을 자리를 만든 후에 공간을 여유 있게 남겨두고 물건을 넣습니다. 여벌의 옷은 가장 최소로 넣고, 꼭 필요한 생필품만 담습니다. 그 외 비상약이나 우비 등 위급 상황에 대비한 물건을 넣고 여행 목적에 맞게 다용도로 사용할 수 있는 물건을 정해서 넣어 가면 유용하게 사용할 수 있습니다.

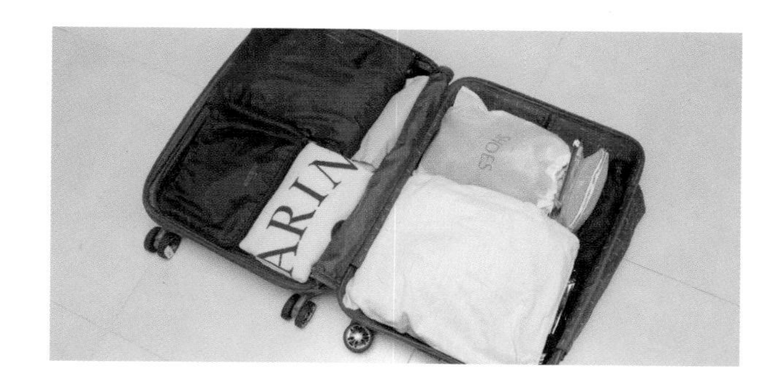

PART 3

한 권으로 끝내는
공간 정리의 모든 것

01 셀프 인테리어의 시작, 가구 재배치로 공간 재구성하기

집에 있는 시간이 부쩍 늘어난 요즘, 많은 사람들이 인테리어에 관심이 높아진 것을 느낄 수 있습니다. 눈에 잘 안 보이던 곳들이 눈에 들어오고 흐트러진 물건들이 더 잘 보이기 시작하니, 집을 어떻게 하면 새롭게 변화시킬 수 있을까 고민하는 분들 많으시죠.

국내 셀프 인테리어에 대한 인식 조사 결과, 기존의 가구를 재배치하거나 커튼, 블라인드 등의 소품을 변경하는 작업을 '셀프 인테리어'로 인식한다는 결과가 흥미롭습니다. 사실 이는 기존의 '스타일링'이라고 알려진 작업 영역과 거의 일치합니다.

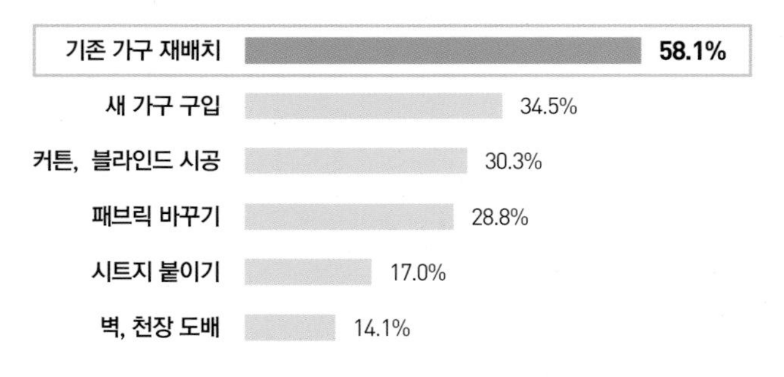

그렇다면 셀프 인테리어로 쉽고 간단하게 집 안의 분위기를 바꾸는 방법에는 어떤 것들이 있을까요?

- **홈스타일링**: 홈 스타일링은 시공 범위를 최소화하고 가구, 패브릭 등을 구매해서 비용적으로 최대한 효율성 있게 공간을 디자인하는 방법이다.

- **홈퍼니싱**: 홈퍼니싱은 가구, 의류, 가전, 인테리어 소품 등을 활용해 집안을 꾸미는 것을 뜻하는 홈(Home)과 퍼니싱(Furnishing)의 합성어다. 가구, 패브릭, 조명, 데코레이션까지 전체적인 집 안의 콘셉트에 맞게 디자인을 완성하는 방법이다.

- **홈스테이징**: 부동산 시장에서 집을 팔기 위하여 집 주인들이 가구 배치를 바꾸거나 소품을 활용하고 페인트 색깔을 바꾸는 등 큰 돈을 들이지 않고 집을 치장해 바이어들에게 매력적으로 보이게 함을 말한다.

- **공간 재구성**: 가족의 생활 패턴을 고려하여 가구를 재배치하고 생활의 동선이나 편의를 위한 물건의 정리를 기존의 가구나 소품을 이용하여 재구성 하는 것을 말한다.

1 필요한 공간 체크하기

비효율적인 가구 배치로 비좁아진 공간을 보다 넓게 사용하기 위해서는 어떤 용도로 어느 정도 크기의 공간이 필요한지를 먼저 체크해야 합니다. 재택근무를 위한 서재, 취미 생활을 위한 취미방, 체력관리를 위한 운동방 등 공간을 새롭게 만들 수 있습니다.

2 숨겨진 공간 찾기

인테리어 공사로 새로운 공간을 창조하는 것이 아닌 불필요한 가구와 물건을 비우면 보이지 않던 공간이 보이기 시작합니다. 그 공간에는 무엇이든 원하는 공간으로 재창조할 수 있도록 가구를 재배치하고 물건에 주소를 달아서 자리를 만들어 줍니다.

THERE IS NO
PLACE LIKE
HOME

3 물건 선별하기

이번에는 각 위치에 꼭 필요한 물건인지 선별하고 그에 따라 물건을 이동하거나 완전히 배출하여 물건을 비우는 작업이 필요합니다. 아무리 가구를 재배치하고 공간을 확보해도 물건을 간소화하지 않으면 공간을 넓히는데 장애 요인이 됩니다. 넓은 공간을 만들기 위해 가장 중요한 것은 물건을 비우는 과정입니다. 상자를 4가지 버전으로 준비하고 완전히 배출해야 할 물건은 쓰레기 상자에, 다른 공간으로 옮겨져야 할 물건은 통과용 상자에, 수리해서 다시 사용할 물건은 수리용 상자에, 다른 곳으로 기부할 물건은 기부용 상자에 담아서 물건을 분류합니다. 또 하나의 상자는 보류 상자로, 배출 여부를 결정하기 어려운 물건을 담아 시간을 두고 결정하되 일정한 양과 정해진 시간까지만 보류한 뒤 배출과 사용 여부를 결정하는 것으로 합니다.

4 가구 재배치하기

이제 각 공간에 위치한 가구들을 용도와 동선에 맞게 재배치합니다. 필요한 가구는 다른 공간에서 쓰일지 여부를 판단하여 다른 공간으로 이동하거나 버리는 방법을 선택해야 합니다. 최대한 같은 소재와 디자인을 모아 배치하면 특별한 스타일링 없이도 깔끔하게 배치할 수 있습니다. 때로는 포인트가 되는 가구들을 단독으로 배치하는 것도 멋스러운 공간을 연출하는 데 도움이 됩니다. 가구는 공간 입구에서부터 낮은 가구를 배치하여 시야를 넓어 보이도록 하는 것이 좋으며 가구의 크기와 높이를 고려하여 공간을 가로 막는 답답함이 없도록 배치해야 합니다.

5 공간 콘셉트에 맞춰 스타일링하기

가구 재배치와 물건 정돈으로 공간이 재구성되면 사용 용도에 맞춰 공간을 스타일링하고 좀 더 근사하게 바꿔볼 수 있습니다. 여기서 주의할 점은 공간 확보를 위한 구성인 만큼 지나친 소품과 답답한 컬러를 사용할 시 도리어 공간을 더 좁아보이게 만들어버릴 수 있으니 주의해야 합니다.

초간단 가구 재배치

가구 하나만 재배치해도 공간이 달라집니다. 아래의 사진처럼 식탁을 재배치 함으로써 주방까지 가는 통로가 가까워지고 주방이 더 넓어 보이는 효과를 줍니다. 이처럼 가구 배치는 공간을 효율적이고 편리하게 만드는데 중요한 역할을 합니다.

간단한 가구 배치로 집의 분위기를 환기시키고 공간의 기능을 살려보았다면, 이제는 같은 콘셉트의 가구를 모아서 방의 기능을 살려볼 수 있습니다.

다음은 4인 가족이면서 맞벌이 부부였던 사례를 소개해 보겠습니다. 의뢰인은 맞벌이 부부였기 때문에 자녀들이 집에서 생활하는 시간이 길었고 자녀들은 집에서 온라인 공부와 놀이를 하면서 지내는 시간이 많았습니다. 특히 업무의 특성상 남편분의 귀가 시간이 늦어 아이들은 거실에서 책을 보기도 하고 게임을 즐기기도 했습니다. 그렇다면 이 집은 아이들의 활동 공간이 중심이 되어야 하고 안전하게 모든 방을 효율적으로 사용할 수 있도록 재구성해야 합니다. 그럼 순서대로 거실, 부부 침실, 아이들의 방을 모두 재구성 해보겠습니다.

거실의 경우 한쪽 벽에 높이 있던 책장이 벽 전체를 가리고 있어 시각적으로 더 좁아 보이고 위험해 보였습니다. 이 책장은 분리가 되는 책장이므로 낮게 재배치하였고 일부분은 다른 방으로 배치했습니다. 또 4인 식탁은 아빠의 책상과 교체하여 거실에서 가족이 함께 하는 테이블을 더 크게 사용하도록 재구성했습니다.

다음으로 부부 침실을 자녀들의 학습 공간으로 바꾸고 반대로 부부의 침실은 가장 작은 방으로 배치했습니다. 이 가정의 경우, 아이들이 사용하는 공간이 가장 크고 넓게 필요한 상황이었습니다. 따라서 가장 큰 부부 침실을 아이들을 위한 공간으로 바꾸는 것이 적당하다고 판단했습니다. 많은 분들이 부부의 공간으로 가장 큰 안방을 사용하는 경우가 많으나 주로 수면만 취하는 경우 작은방이 더 아늑하고 빛을 잘 차단시켜 수면의 질이 좋아집니다.

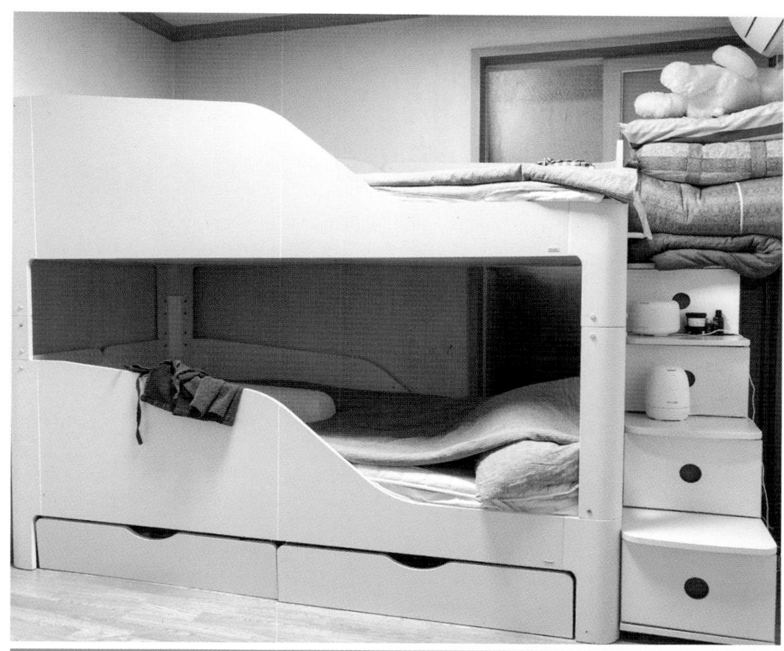

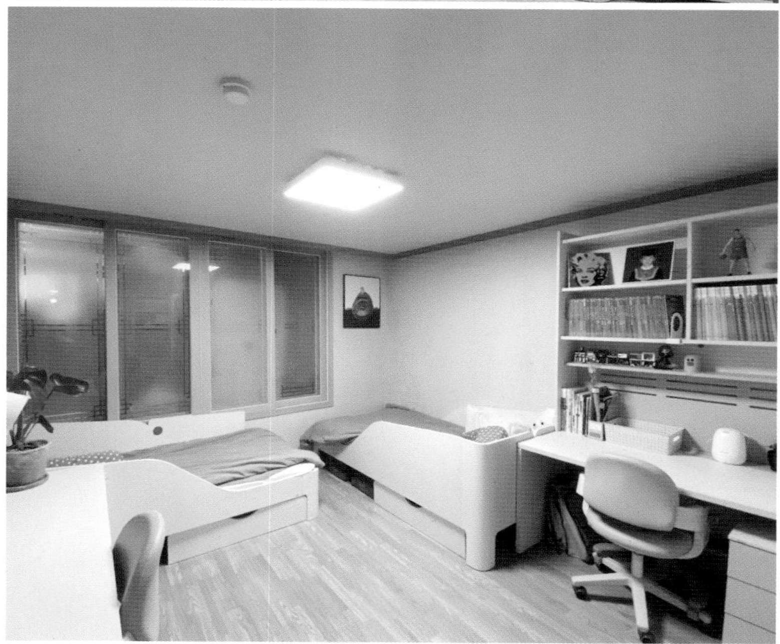

반대로 자녀방의 경우 부부 침실로 공간을 재구성했습니다. 2층 침대는 초등 고학년이 된 자녀들의 연령에 맞지 않는 가구이므로 분리하여 공부방으로 배치하고 나머지 부분을 안방 가구들로 채워 부부 침실을 만들었습니다. 늦은 귀가를 하는 아버님이 바로 사용할 수 있는 현관과 가장 가까운 방이므로 사용자의 생활 패턴을 고려한 공간 재구성이 되었습니다.

휴식과 기능이 공존하는 공간 재구성

이번 의뢰인의 경우 음악을 전공하는 학생의 방이 방 크기에 비해 가구가 많고 어수선한 배치로 산만한 것 같다는 고민이었습니다. 특히 문 입구 앞에 바로 배치되어 있는 침실은 프라이버시를 보장받아야할 연령의 남학생에게 불편함을 주는 배치였습니다. 그래서 가운데 있던 수납장은 다른방에 있던 같은 수납장을 가져와 방을 분리하는 파티션으로 사용하고, 한 방에서 두 가지 기능을 할 수 있는 방으로 만들었습니다.

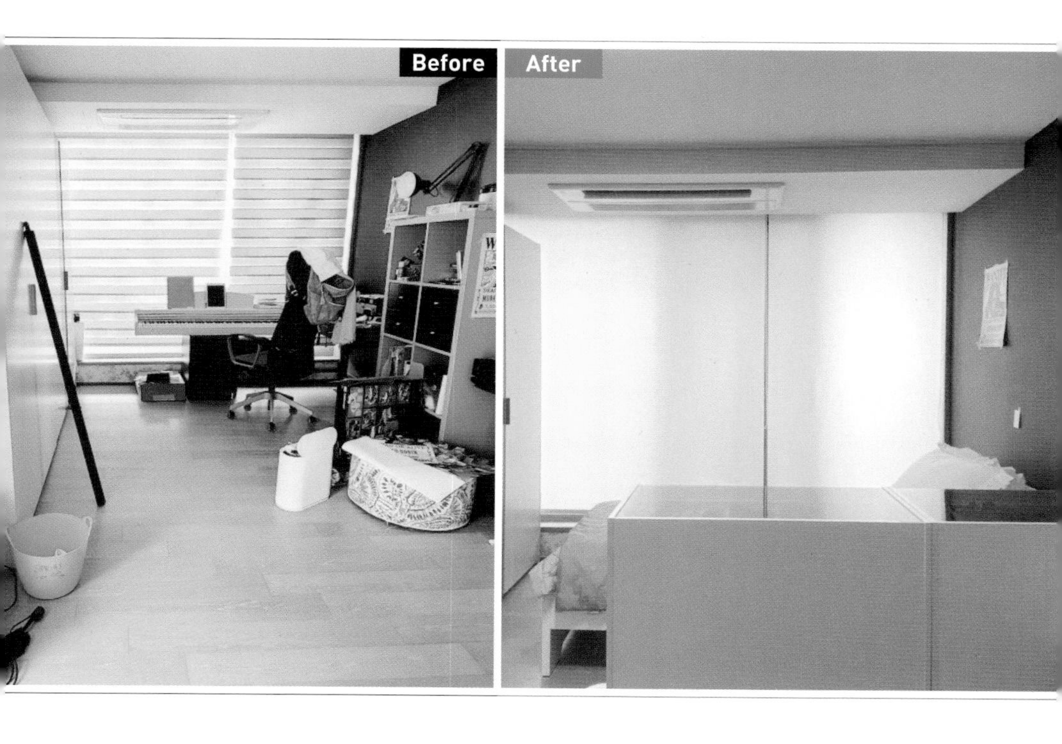

이 방에서 가장 중요한 재구성은 바로 문 앞에 있던 침대의 위치였습니다. 침대를 방 안쪽에 배치하여 수면을 취할 때 더 안정적일 수 있도록 했으며, 책상은 창밖을 향하여 답답하지 않도록 재구성하였습니다. 무엇보다 개인 사생활이 존중되는 방으로 재탄생 하였습니다.

가구 파티션으로 프라이버시가 보장되는 구조

방의 환경은 학습이나 개인의 취미활동, 업무 능률을 높이는데 중요한 부분이므로 학생의 취미활동이나 성별, 성향에 맞추어 재구성 하는 것이 가장 중요합니다.

*

때로는 포인트 가구들을
단독으로 배치하는 것도
멋스러운 공간을 연출하는 데
도움이 됩니다.

02 다양한 공간을 탄생시키는 레이어드 홈 만들기

집에서 생활하는 시간이 길어지면서 인테리어 트렌드도 변화무쌍하게 바뀌고 있습니다. 집에서 다양한 용도로 활용할 수 있는 개인 공간을 만들기 시작한 것인데요. 그래서 생겨난 신조어로 레이어드홈 이라는 단어를 들 수 있습니다.

레이어드 홈[7]이란 '마치 여러 벌의 옷을 겹쳐 입어 멋을 부리는 레이어드룩이나 포토샵 프로그램에서 이미지의 층을 의미하는 레이어처럼, 집이 기본 기능 위에 새로운 층위의 기능을 덧대면서 무궁무진한 변화의 양상을 보여주고 있는 것'을 의미합니다. 이처럼 집의 기능이 다층적으로 형성된다는 뜻에서 바로 레이어드 홈이라고 부르고 있습니다.

그렇다면 우리 집의 다층적 기능은 어떤 공간이 필요할까요? 먼저 우리 가족들이 집에서 필요로 하는 공간을 체크합니다. 그리고 방의 기능을 나누어 만들 수 있는 공간의 레이아웃을 그려봅니다. 예를 들어 외출이 쉽지 않아진 요즘, 집에 카페 같은 공간을 연출하고 싶다면 어떻게 만들 수 있을지 고민하면 되고, 집에서 운동하는 시간이 많아졌다면 운동을 집중적으로 할 수 있는 방을 만들면 됩니다.

7 도서 『트렌드 코리아 2021』, 미래의 창, 2020

최근 가장 많은 분들이 선호했던 공간은 바로 재택근무 공간이었습니다. 갑자기 업무를 집에서 해야하는데 어디서 어떻게 해야할지 몰라 어수선한 상태에서 업무를 해야한다고 불편함을 호소하는 분들이 많으셨습니다. 그럼 먼저 간단하게 집 안에서 재택근무 공간을 어디에 어떻게 구성할 수 있을지 예시를 들어보겠습니다.

베란다 공간 넓게 활용하기

또 하나의 방이라고 불리는 베란다는 레이어드 홈을 만드는데 매우 최적화된 공간입니다. 베란다는 온도와 채광이 중요하므로 바닥재를 활용해 방의 연장으로 만들고 책상을 배치해서 업무 공간으로 활용하면 좋습니다. 베란다의 경우 재택근무 공간으로도 좋지만 언제든 다른 공간으로 바꿀 수 있다는 장점이 있습니다. 레이어드홈은 집에 다양한 변화를 줄 수 있으므로 공간을 고정으로 구성하지 않아도 된다는 것입니다.
사진에서 보이는 책상은 바퀴형 책상으로 쉽게 이동되는 편리함이 있습니다. 바닥재도 고정형으로 시공하지 않았으므로 다른 기능의 공간으로 바꾸고 싶다면 쉽게 바꿀 수가 있습니다.

C
N

주방의 변신은 무죄!

만약 집에서도 카페에 온 것 같은 기분을 느끼고 싶다면 주방을 카페처럼 구성하면 됩니다. 카페 분위기를 한층 더 느끼고 싶다면 주방에 간단한 벽면 페인팅으로 새로운 분위기를 연출할 수 있습니다. 가정용 친환경 페인트는 쉽게 칠하고 쉽게 마르기 때문에 셀프로 해볼 만한 시공입니다.

또 간단한 소품으로 더욱 따듯한 분위기를 연출할 수 있습니다. 식탁 테이블 위에 조명은 주방 가구와 벽면의 컬러를 고려해서 선택하는 것이 중요합니다. 또 꽃이나 화병 오브제 하나만으로도 확연히 분위기가 달라지는 느낌을 받을 수 있습니다.

이번 의뢰인의 경우 초등학교 고학년 두 자녀가 있었습니다. 유난히 책보기를 좋아하는 자녀들인데, 책의 양은 점점 늘어나고 아이들에게 독서 공간을 제대로 만들어 주고 싶었으나 집에 그럴만한 공간이 없어 고민이라고 하셨습니다.

그러나 넓은 거실이 있다면 바로 여기에 북카페를 만들면 됩니다. 이미 연령이 지나서 필요 없는 유아용 매트부터 배출하고 거실에 북카페를 만들어 아이들에게 더 넓은 독서 공간을 만들어 주었습니다. 또 의뢰인 부부에게는 휴식과 대화의 장소로 사용 가능한 예쁜 공간이 만들어졌습니다. 구석에서 사용하지 않고 있던 테이블은 제 역할을 하는 가구가 되었습니다.

레이어드홈으로 선호하는 또 하나의 공간은 바로 운동을 할 수 있는 홈트[8] 공간입니다. 요즘 집에서 운동하는 공간을 원하시는 분들이 많아졌습니다. 운동은 집의 빈 공간에서 자유롭게 하면 되지만 나만의 공간으로 만들고 싶다 하시면 가구 재배치로 보다 넓은 공간을 만드시면 됩니다.

공용 공간이 아닌 자신의 방에서 간단한 운동을 하기 원하셨던 분의 경우, 물건을 정리하고 가구를 재배치 후 센터의 공간을 넓게 활용하여 방에서 다양한 운동을 해도 부족하지 않는 공간으로 바꿔주기만 하면 됩니다.

[8] 집 안에서 간단한 웨이트 트레이닝 기구들을 사용하여 하는 운동

보통 '레이어드홈'이라고 하면 넓은 평수의 집이거나 방이 많아야 한다고 생각하는 경우가 있습니다. 그러나 우리 집에도 죽어 있는 공간, 즉 물건이 너무 많아서 공간을 제대로 활용하지 못하는 경우가 많습니다. 다시 강조드리지만, 집이 좁은 게 아니라 물건이 많은 것입니다. 정리로 방이 하나 살아나면 가족이 원하는 취미생활을 집에서도 간단하게 시작할 수 있습니다. 이것이 레이어드홈의 가장 첫 단계입니다. 정리하면 없던 공간이 마법처럼 생겨납니다.

*

깨끗이 정리하면

없던 공간이 마법처럼 생겨납니다.

03 오늘 뭐 입지? 한 눈에 보이는 옷장 정리

매일 아침마다 '오늘 뭐 입지?' 고민한 적 있으신가요? 옷장에 옷이 이렇게나 많은데 입을 옷이 없는 경험을 해보셨다면 그 이유가 무엇일까요.

유행이 지났다
디자인이 촌스럽다
산지 오래되어 이미 헤졌다
새 옷이 사고 싶다
입을 옷들이 세탁기 안에 있다

요즘은 남녀노소 할 것 없이 옷을 많이 구매하고, 개인이 드레스룸 한 칸을 다 사용하는 경우가 많습니다. 매일 봐도 입을 옷이 없다는 현대인들의 옷장, 그렇다면 우리는 왜 옷장을 정리하지 못할까요?
우리가 옷장 정리를 하지 못하는 데에는 여러 가지 이유가 있습니다. '옷, 가방 등 기타 소품들이 많다, 옷을 못 버린다, 정리 방법을 잘 모른다, 정리가 힘들고 정리를 미룬다' 등 다양합니다.
이럴 때에는 내 옷장을 한번 분석해 보는 시간이 필요합니다. 먼저 내가 자주 입고 좋아하는 옷인지를 파악해 보고 선호도와 사용 빈도에 따라 아래의 세 가지 기준으로 분류 및 나누어 봅니다. 그 중 정말 입을 옷들만 정리해서 남겨두면 옷의 사용 빈도를 훨씬 높일 수 있습니다.

1 좋아하고 자주 입는 옷이다.
2 좋아하지만 자주 입지 않는 옷이다.
3 좋아하지도 않고 자주 입지도 않는 옷이다.

그리고 입지 않는 옷들은 분류해서 과감히 배출하도록 합니다. 배출하는 기준은 네 가지 정도로 정해주면 버리는 옷 선택이 쉬워질 수 있습니다. 먼저 작아서 맞지 않거나, 옷감이 손상돼서 수명을 다한 옷은 반드시 배출하는 것이 좋습니다. 그 외 나에게 더 이상 어울리지 않거나 유행이 지나 설레지 않는 옷들이 기준이 될 수 있습니다.

옷을 배출하기 전에 옷을 분류해서 담을 상자나 봉투 등을 준비합니다. '쓰레기 상자'는 더 이상 입을 수 없는 옷을 넣어서 버리는 상자이고 '통과용 상자'는 옷장 외에 다른 공간으로 가야할 물건들을 넣는 상자입니다. '기부용 상자'는 나는 입을 수 없으나 다른 사람에게 나눌 옷을 넣고, 만약 선이 필요한 옷이 있다면 그대로 수납하지 말고 반드시 수선을 해서 넣도록 합니다. 망가진 옷은 계속해서 입지 못하고 자리만 차지하는 옷이 되어 버립니다.
마지막으로 '보류용 상자'는 입을지, 나눌지, 버릴지 지금 바로 결정하기 어려운 옷을 넣어두되 기한을 1개월 정도 두고 결정하는 것을 기준으로 합니다. 기한이 지나면 반드시 보류 상자의 옷을 비우세요.

옷을 비우는 여러가지 방법

버릴 옷들을 선택했다면 이제 남길 옷 정하기가 남았습니다. 먼저 계절별로 겉옷, 상의, 하의, 등 아이템을 분류하고 나만의 기준을 정하면 좋습니다. 보통은 내가 좋아하고 앞으로도 활용도가 높으며 꼭 필요한 옷 위주로 고르면 됩니다.

첫 번째로 가장 중요한 것은 버릴 옷 고르기가 아닌 입을 옷 고르기입니다. 먼저 옷장 안의 모든 옷과 소품을 꺼냅니다. 나중에 수납할 위치와 자리를 정해 정리한 옷을 다시 수납해야 하므로 모든 옷들은 미리 꺼내는 것이 좋습니다. 그리고 그 중 내가 꼭 입을 옷만 고르는 것이 중요합니다. 어떤 옷을 버릴지 선택하는 일보다 훨씬 쉽게 선택할 수 있는 방법입니다.
두 번째 과정은 옷을 수납 할 자리를 정하는 것입니다. 옷을 분류하고 다시 넣는 과정을 반복하다보면, 넣을 자리를 잊어버리고 넣고 빼기만 반복해서 금방 지칠 수 있습니다. 미리 포스트잇 같은 메모지를 자리에 붙여놓는 것도 좋은 방법입니다.

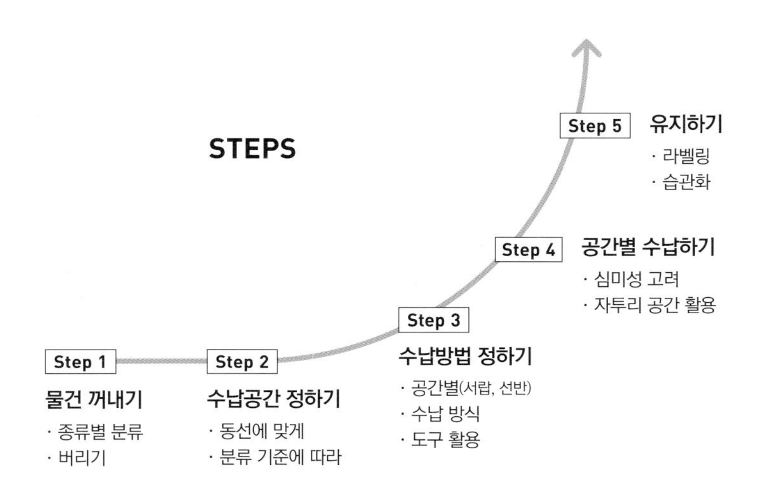

세 번째 과정은 옷을 어떤 방법으로 수납, 보관할지 정하는 것입니다. 이때 옷을 모양, 소재, 아이템별로 분류하여 개어서 보관할 옷, 걸어서 보관할 옷을 결정합니다. 그리고 접는 옷은 어떤 방법으로 수납 할지, 거는 옷의 옷걸이는 어떤 종류로 할지 등을 정하여 필요한 수납 도구를 준비합니다. 바구니도 좋고 코팅된 쇼핑백으로 담는 도구를 만들어 사용할 수도 있습니다.

같은 아이템 끼리 분류 자켓, 셔츠, 바지, 스커트, 속옷, 모자, 머플러 등
짝꿍 아이템 끼리 분류 정장과 넥타이, 모자와 스카프, 레포츠 의류와 용품 등
옷의 형태에 따라 분류 걸어야 하는 옷, 접어도 되는 옷 등
한 눈에 꺼낼 수 있는 옷끼리 분류 티셔츠, 청바지, 속옷, 양말 등 접는 의류

네 번째 단계는 공간 확보를 고려하면서 수납하는 것입니다. 먼저, 침구류를 옷장에 같이 수납할 때는 침구가 공간을 가장 많이 차지하므로 침구류 먼저 수납을 하는 것이 좋습니다. 그래야 그 외에 공간을 빈틈없이 모두 활용할 수 있습니다.
그 다음에 거는 옷, 개는 옷, 계절이 지나서 보관할 옷을 분류하여 보관합니다. 만약 공간이 부족하다면 다른 수납함에 넣어서 보관하는 것이 공간을 최대치로 사용하는 방법입니다. 그리고 남은 자투리 공간에 속옷, 양말 등 작은 물건들을 수납합니다.

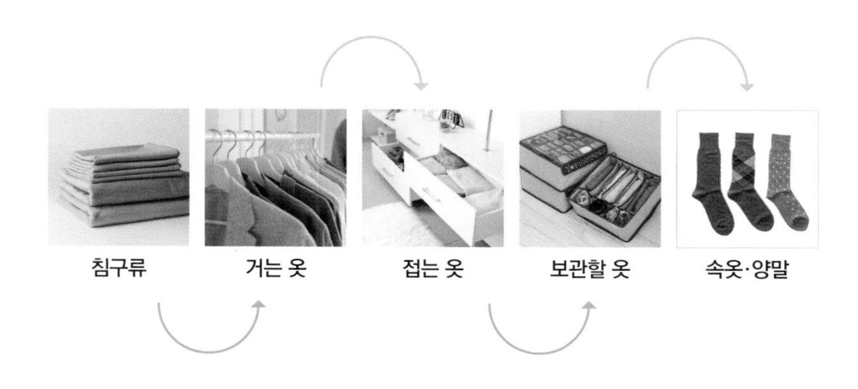

마지막으로 가장 중요한 단계는 잘 정리한 옷장을 오랫동안 유지하는 것입니다. 나뿐만 아니라 누구라도 바로바로 찾아 사용할 수 있도록 옷의 자리에 표시를 해두고 그 자리에 매번 물건을 두는 습관을 가지면 점점 그 자리가 익숙해질 것입니다. 그럼 같은 공간에 물건을 정리하고 보관하는 습관이 저절로 생깁니다. 잘 접어 두고 각을 맞추는 것이 전부는 아닙니다. 물건이 자기 자리에 있도록 하는 것이 정리된 상태를 꾸준히 유지하는 방법입니다.

옷장 수납의 원칙과 법칙

수납을 할 때는 옷과 소품의 동선이 한 번에 연결되어 옷을 바로 벗고 넣어 정리할 수 있도록 세팅하는 것이 좋습니다. 그렇다면 옷장 수납에서 가장 중요한 원칙과 법칙은 무엇일까요. 바로 수납의 본질을 잊지 않아야 한다는 것입니다. 그럼 옷장 수납 시 고려하면 좋을 7.5.1법칙을 소개해 보겠습니다.

〈7·5·1 법칙 〉

7 : 옷장의 70%만 수납하고 나머지 30%는 통로 역할을 합니다.

5 : 보이는 수납은 50%만 합니다.

1 : 보여주는 수납은 10% 정도로 최소화합니다.

틈새 공간을 활용해 주세요

살림꿀팁! 정리꿀팁!

압축봉으로 선반 만들기

옷장의 자투리 공간까지 활용하는 방법으로 압축봉 두 개를 사용해 선반을 만들면 가벼운 옷 종류나 소품을 수납하는 데 도움이 됩니다. 압축봉은 어디서든 간편하게 구입이 가능해 사용하기 더욱 좋습니다.

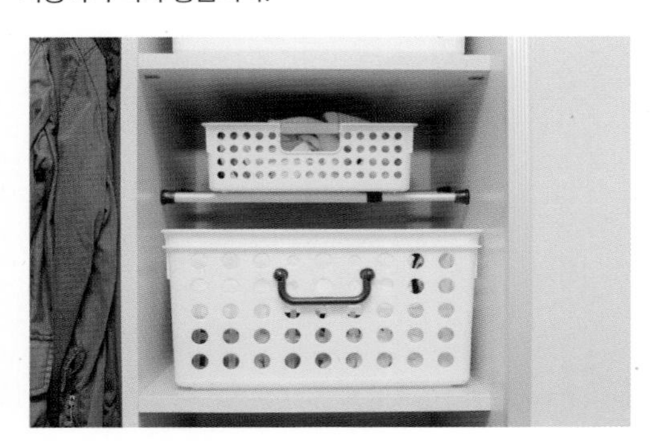

옷봉으로 옷장 넓게 사용하기

높이가 있는 옷장 공간을 나누어 옷을 걸때 옷봉을 한 개 더 설치하면 더 많은 공간을 활용할 수 있습니다. 간단히 설치 가능한 압축형 옷봉이 시중에 많이 판매 되고 있으니 쉽게 구하여 설치하면 됩니다. 특히 아이옷 같이 길이가 짧은 옷이나 하의가 많은 경우는 높이가 있는 공간을 반으로 나누어 옷봉을 두 개 설치해 사용하면 매우 유용합니다.

바구니를 활용한 개는 옷 수납 방법

개는 옷은 서랍이나 바구니를 활용하여 틈새 공간에 수납합니다. 여기서 중요한 것은 세로로 수납하는 것입니다. 가로 수납으로 옷을 정리하면 옷을 찾느라 서랍이 늘 흐트러지게 됩니다. 그럴 때 세로로 옷을 수납해 두면 한눈에 보여 찾기도 편하고 옷을 꺼내도 흐트러지지 않아서 정리된 상태를 유지하기 좋습니다.

04 틈새 공간을 살려라! 베란다, 현관, 신발장 정리

정리의 시작은 베란다 정리

저는 집 정리를 시작할 때 가장 먼저 베란다 정리를 권합니다. 베란다는 우리 집에서 환기를 할 수 있는 유일한 공간으로 물건이 많이 쌓여 있어 베란다 환기가 어렵다면 반드시 베란다를 정리하시고 열어 두어야 합니다.
요즘 베란다는 방 만큼이나 활용도가 높은 공간으로 바뀌고 있는 추세이므로 베란다를 정리해서 새로운 공간으로 활용하는 것도 좋습니다. 많은 집들이 베란다 수납장에는 오래 보관할 물건이나 꺼내기도 어려울 만큼의 생활용품을 채워놓는 경우가 많은데, 이 부분은 꼭 정리를 해야합니다. 결로가 있는 베란다의 경우면 문을 자주 열어 환기를 해주고 물건도 습기에 강한 물건만 수납하는 것이 좋습니다.

베란다 정리하기

베란다 수납장에서 자주 쓰는 물건은 수납장 중간 칸에 보관하고, 무겁고 부피가 많이 나가는 물건은 수납장 맨 아래칸에 보관하는 것이 좋습니다. 수납장 문은 항상 1/3씩 열어 두어 환기를 시키고 만약 습기가 자주 찬다면 신문지 뭉치를 한쪽 구석에 비치하고 두 달에 한번 교체하면 습기가 충분히 제거됩니다.

베란다에서 자주 보이는 세탁용 옷걸이는 잘 포개어 바구니에 보관하고 발코니는 통행이 자유로울 수 있도록 잡동사니를 쌓아두지 않도록 합니다. 또 죽은 화분이 있다면 반드시 정리합니다. 죽은 화분은 미관상도 좋지 않지만 호흡기 환경에 나쁠 수 있어 이왕이면 바로바로 정리해 주는 것이 좋습니다.

죽은 베란다 공간 바꾸기

기능이 없이 오직 환기용으로만 베란다를 사용하고 있었다면 이제 다양한 용도의 공간으로도 바꿔볼 수 있습니다. 빨래만 널던 공간을 정리하고 바닥재를 깔아 바닥의 온도를 차갑지 않게 한 후 원하는 가구와 물건을 배치하면 전혀 다른 공간이 탄생하게 됩니다.

집에 수납공간이 부족했다면 베란다에 선반을 설치해 수납 칸으로 사용할 수 있고 창문을 가리지 않는 높이의 랙을 설치한 후 물건을 두어 깔끔한 수납장으로도 활용할 수 있습니다. 또 아이들의 놀이방, 카페, 미니정원으로도 활용할 수 있습니다.

베란다 공간을 활용할 때 주의할 점

온도가 중요(난방, 바닥재)

기능(놀이방/공부방/작업실/정원 등)

나만의 공간 만들기

베란다에 물건을 지속해서 쌓아 두면 창고로 변하기 쉬우므로 집 전체가 불균형해 보이지 않게 베란다는 반드시 주기적으로 정리합니다.

현관은 집의 첫인상이라고도 합니다. 그래서 신지 않는 신발은 정리하고 물건을 쌓아두지 않아야 복이 들어온다는 말도 있습니다. 신발장은 비좁은 공간에 비해 물건이 항상 많은 곳입니다. 가족별, 계절별로 신발이 쌓이기 쉬우므로 사용빈도 별로 수납공간을 정할 필요가 있습니다. 또 제습과 방습에 신경 써서 신발 보관에도 관심을 가져야 합니다. 신발을 정리할 때는 정리대, 압축봉 등의 도구를 활용하여 효율적으로 수납할 수 있습니다. 이 밖에도 현관에 자주 보관하는 우산은 사용 후 건조하여 작은 우산은 수납 바구니에, 장우산은 우산꽂이에 보관하면 좋습니다.

초간단 신발장 정리하기

남성 신발의 경우 뒤꿈치 쪽을 잡고 꺼내는 것이 편하므로 뒷굽이 보이게 수납 및 정리합니다. 반대로 여성 신발의 경우는 디자인이 보이도록 앞코가 보이게 수납합니다. 신발의 양이 많을 때는 슈즈랙을 사용하여 수납하고 신발을 지그재그로 어긋나게 수납하면 더 많이 수납 할 수 있습니다.

또 굽이 낮은 신발들은 압축봉을 활용해 신발칸 하나를 2단으로 사용하면 훨씬 많은 양의 신발을 수납할 수 있으므로 슈즈랙이나 압축봉을 이용해 선반을 두 칸으로 만들어 2배 이상의 신발을 보관해 보세요.

커피 캐리어를 활용한 신발 정리

삶의 질이 올라가는 신발장 서랍 정리

신발장 서랍은 외출할 때 바로 가져갈 수 있도록 장바구니를 넣어두거나 현관 앞에서 택배 박스를 바로 개봉하고 정리할 수 있게 가위나 칼, 박스테이프를 보관하면 편리합니다.

신발장 틈새 공간 활용하기

접이식 우산은 신발장 틈새 공간에 보관하기 좋습니다. 공간의 여유가 있다면 반투명 바구니를 사용하거나 와인 상자 같은 도구를 활용하여 좀 더 편리하게 보관이 가능합니다.

05 동선만 간단하게! 욕실 정리하기

욕실은 지극히 개인적인 공간이자 머무르는 동안 나를 편안하게 만들어주는 공간이기도 합니다. 때문에 더욱 관리에 소홀할 수 없는 곳이기도 한데요. 욕실에 꼭 필요한 물건만 두고 늘 쾌적하게 유지할 수 있는 몇 가지 유용한 팁을 소개하도록 하겠습니다.

욕실은 습기에 노출되어 있어서 물곰팡이가 생기기 쉬우므로 환기를 자주 하고 물기를 닦아주는 것이 좋습니다. 욕실 정리에서 가장 유의할 점은 이미 다 사용한 샴푸나 세제통을 바로 비우는 것입니다. 그리고 미개봉된 물건들을 방치하지 않고 자주 사용하는 물건과 수건만 수납하도록 합니다. 욕실은 주거 환경 중에서도 가장 공간이 협소할 수밖에 없는 곳이므로 미개봉한 물건은 별도로 보관하는 것이 좋습니다. 특히 여성용품(생리대)는 습기가 많은 욕실 보다는 옷장에 보관하고 사용하는 것이 좋습니다.

물때, 곰팡이 제거하기

앞서 말한 것처럼 욕실은 환기가 가장 중요합니다. 환기가 잘 되고 욕실 건조가 잘 된다면 욕실 관리에도 큰 문제가 없으나, 환경의 특성상 습기가 많고 물을 많이 사용하는 공간이므로 곰팡이와 물때 관리가 특별히 필요합니다.
물건을 잘 정리하는 것도 중요하지만 청결의 상태도 중요하므로 욕실의 곰팡이와 물때를 자주 제거하여 청결함을 유지하도록 합니다. 특히 물때와 곰팡이는 주기적으로 관리하는 것이 좋고 욕실을 사용하는 시간이나 샤워 전, 후로 시간을 내어 청소하면 가장 좋습니다.

다 사용한 용기는 버리기!

욕실에서 흔히 볼 수 있는 것이 사용하다 만 용기들입니다. 특히 샴푸나 세제는 다 사용한 후에도 버리지 않고 그대로 두어서 자리를 좁게 만들고 심지어 오래 방치하여 용기에 곰팡이가 생기는 경우도 볼 수 있습니다. 욕실에서 가장 먼저 비워야할 것은 바로 다 쓴 용기입니다. 혹시 우리 집 욕실에도 빈 샴푸통이나 세제통이 있다면 지금 바로 비워주세요.

남은 비누나 치약으로 욕실 청소하기

욕실에서 사용하던 비누나 치약은 아주 말끔하게 다 사용하지 못하는 경우가 많습니다. 이 경우 소량 남은 치약이나 비누 조각으로 욕실의 거울이나 유리 파티션을 닦아주면 의외로 깨끗하게 닦이고 습기가 쉽게 생기지 않도록 코팅제 역할을 해줍니다.

미개봉 물건 보관하지 않기

욕실의 수납공간은 의외로 작습니다. 수납장 하나 정도의 공간에 수건 등 기타 물건을 수납해야 합니다. 그러므로 미개봉된 욕실용품까지 욕실에 보관하기는 어려운 경우가 많습니다.

이왕이면 새 제품들은 습기를 피해 욕실 외부 공간에 보관하여 필요한 때에 욕실로 가져와 수납하는 것이 좋습니다. 특히 여성용품은 습기에 노출되면 좋지 않으므로 반드시 외부 옷장 등에 보관하고 때마다 사용할 만큼만 욕실에 두는 것을 추천합니다. 또, 수납장 내에 일정 부분 여유 공간을 남겨두어 때마다 사용할 물건을 넣어두는 자리를 만들어 주도록 합니다.

사용하는 물건만 수납하기

욕실에서 사용할 물건이란 매번 사용하는 목욕 용품과 세안 용품 그리고 수건 정도면 충분합니다. 욕실을 호텔처럼 깔끔하고 쾌적하게 사용하고 싶다면 더욱 물건을 욕실에 넘치게 두지 않을 것을 권해드립니다.
욕실은 다른 공간과 달리 수납의 역할이 현저히 떨어지므로 사용하지 않는 물건은 다른 공간을 활용하고, 늘 깔끔하게 유지해 주세요. 잠시 사용하는 공간일지라도 지극히 개인적인 공간이기에 나만의 힐링 공간으로 변화시킬 수 있습니다.

SOAP.

06 쉼과 여유를 주는 거실 정리하기

거실은 넓은 개념으로 보면 집에서 가장 중심, 주요 공간이라고 할 수 있습니다. 그러므로 공간의 크기도 가장 크고 설계도 중앙으로 배치되는 경우가 많습니다. 예전에는 거실에 소파와 텔레비전을 두고 가족이 공용으로 사용하는 경우가 대부분이었다면, 요즘은 더욱 다양한 용도로 활용하는 가정이 많아졌습니다. 북카페처럼 큰 책장과 테이블을 놓기도 하고, 다이닝 공간을 만들거나 티테이블을 놓고 사용하기도 합니다. 따라서 거실은 용도에 맞게 다양한 구성과 정리가 필요한 공간입니다.

집에서는 반드시 휴식과 쉼의 공간을 만들어 주는 게 좋습니다. 거실은 모든 가족이 모이는 공간으로 휴식과 쉼을 취하기에도 적합한 공간입니다. 휴식이 있다는 것은 공백과 여유가 있어야 함을 의미하기도 합니다. 가구가 너무 많거나 많은 물건들을 수납하면 시각적으로도 답답하지만 실제로도 여유있게 공간 활용이 어렵고 계속 물건이 쌓이는 상황이 발생할 수 있습니다. 결국 가족들은 각자의 방에서 머무르는 시간을 갖게 될 것입니다.

거실의 용도 정하기

그렇다면 거실의 용도는 어떻게 정할 수 있을까요. 집에서 가장 큰 공간으로 설계된 거실은 가족의 라이프스타일에 맞춰서 재구성하는 것이 좋습니다.

가족 중 책을 많이 보는 구성원이 있어, 서재형 공간이 필요한 경우 거실을 서재로 사용하는 경우도 있습니다. 이럴 때는 서재형 거실로 구성하되 가족과 쉼의 공간으로 함께 재구성하는 것이 중요합니다. 예를 들면 서재가 필요하다고 하여 거실에 책을 빼곡하게 꽂아놓으면 거실이 답답해 보일뿐더러 집의 중심인 거실이 미학적인 측면에서도 좋지 못할 것입니다. 그러므로 서재형 거실을 구상한다면 가족이 편히 쉴 수 있도록 북카페 정도의 공간으로 만들면 모두에게 만족도가 높을 것입니다. 책을 빼곡히 수납하기 보다는 벽면의 일부는 여유를 두고 테이블이나 소파를 활용해 휴식하며 책을 볼 수 있도록 합니다. 이런 공간이라면 거실이 가족의 라이프스타일을 담은 휴식 공간으로 재탄생할 수 있습니다.

또 소파를 과감히 없애고 널찍한 다이닝룸으로 사용하면 식사와 동시에 가족과 함께 모여서 이야기할 수 있는 자연스러운 공간이 될 수 있습니다. 주방이 좁은 집의 경우, 거실을 다이닝룸으로 확장해서 사용하면 공간이 더 넓어 보이는 효과까지 받을 수 있습니다. 또한 외부에서 손님이 오시거나 가족 모임을 할 때에도 요긴하게 사용할 수 있으니 가정에서 모임이 잦은 분들이라면 꼭 한번 다양한 방법으로 생각해 보시길 바랍니다.

서재형 거실, 다이닝 공간을 대신하는 거실, 때로는 어린 자녀

의 놀이 공간 등. 그 어떤 형태의 구성이어도 상관없지만 너무 라이프에만 치중하여 물건을 쌓아둔다면 집에서 가장 크고 중심이 되는 공간을 창고로 만들게 되는 오류를 범하게 될 것입니다. 즐겁고 활용도 높은 공간이 될 수 있는 거실을 알차게 구성해 보세요.

사용 용도에 맞는 가구 배치

앞서 말했듯이 거실은 지나치게 많은 가구와 물건을 수납하지 않는 것을 원칙으로 합니다. 거실을 북카페로 꾸며 책장을 배치하는 경우, 책을 빼곡하게 수납하지 않고 공백의 여유를 두는 것이 좋습니다. 또 가구를 배치할 때 이왕이면 사방면을 다 가리지 않도록 배치합니다.

만약 가족이 공용으로 사용하는 물건이 많은 경우, 거실 수납장에 자리를 만들어 수납하되 물건이 과도하게 늘어나지 않도록 분리 배출하고 거실에 소파가 아닌 식탁 테이블을 배치하려는 경우, 주방과의 거리가 너무 멀지 않도록 두면 좋습니다. 음식을 가지고 이동할 때 불편할 수 있기 때문입니다.

1-2-3-4

*

거실은 모든 가족이 모이는 공간으로
휴식과 쉼을 취하기에 적합한 공간입니다.
그리고 휴식이 있다는 것은 공백과 여유가
있어야 함을 의미하기도 합니다

07 학습능력을 쑥쑥 키우는 자녀방 만들기

내 아이를 잘 키우고 싶은 마음은 모든 부모가 같습니다. 그렇다면 '잘 자라게 한다'는 것은 무엇을 의미할까요. 아마 각자의 주관적인 관점이 있겠지만 건강, 자존감, 주도적인 삶, 그 중 학습 능력 또한 빠질 수 없을 것입니다. 모든 부모님들은 아이들의 학습 능력을 향상 시킬 수 있도록 많은 노력을 기울이고 좋은 환경을 만들어 주고자 합니다. 그 중 아이들에게 직접적인 영향을 주는 공부방을 정리해 학습 능력을 키워주는데 도움을 주고자 합니다.

아이의 공부방은 어떻게 꾸며주느냐 보다 누가 사용하느냐에 초점을 맞추는 것이 좋습니다. 사람은 누구나 다른 성향과 가치관을 가지고 있습니다. 우리 아이들도 마찬가지입니다. 각기 다른 성향의 아이들을 고정된 환경으로 만들어주는 건 의미가 없습니다. 우리 아이의 성향과 학습 방향을 먼저 파악하고 그에 맞는 공부방 환경을 만들어 주도록 합니다.

공부를 잘하는 건 정리 습관과 무관하지 않습니다. 공부는 집중력을 요하는 것이므로 주변 환경이 이를 방해한다면 바로 치워야 합니다. 그리고 집중력과 스트레스 감소에 도움이 되는 것이 있다면 놓아야 합니다. 이 두 가지만 기억하면 됩니다. 어떤 아이는 도리어 너무 비어있는 공간을 싫어할 수도 있기 때문에 그런 아이의 경우 물건을 비우기에 앞서 어디에 어떻게 자리를 잡는 것이 안정감을 줄 수 있을지 고민해야 합니다.

집과 방을 구성하는 것은 사용자의 필요와 욕구가 충족되어야 하기 때문에 자녀의 방을 만들어 주기 전 먼저 아이와 충분히 대화하고 탐색하는 시간이 필요합니다. 아이가 좋아하는 컬러, 아이의 성향, 정리 방법, 아이의 움직임의 정도와 동선 파악 등이 바로 그 요소들입니다.

아이 성향에 따른 자녀방 정리하기

아이 방의 경우, 아이 성향에 맞는 정리법을 찾는 것이 중요합니다. 우뇌형 아이는 직관성이고 상상력이 뛰어나며 모험을 좋아하고 낯선 환경을 즐기는 편입니다. 때문에 일정한 루틴보다는 새로운 무언가에 도전하고 싶어 하고 친구들과 어울리는 것 또한 좋아합니다. 반면 관심사가 계속 바뀌어 끈기가 부족해 보일 수 있으며, 가끔 무의식적으로 행동하는 경향이 있습니다. 이런 우뇌형 아이의 경우 쉽게 정리하는 방법을 알려주어야 합니다. 예를 들어 큰 바구니를 몇 개 두고 장난감, 인형, 미술용품 등을 끼리끼리 큰 덩어리로 구분해서 정리하는 방식이 잘 통합니다. 아이에게 정리를 부탁할 때도 "○○이가 정리를 잘하면 엄마가 참 기쁠 텐데!"라고 감정적으로 접근하면 더 효과적입니다.

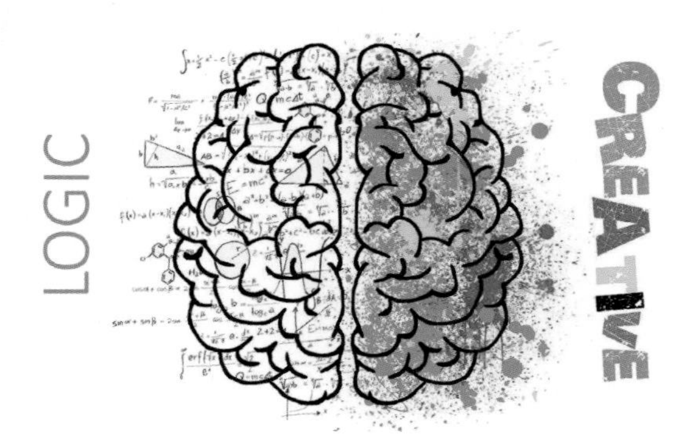

좌뇌형 아이는 논리적이고 분석적이며 수학적 사고가 뛰어납니다. 때문에 참을성과 끈기가 많아 한 가지 일을 끝까지 잘 해내고 반복적인 일을 잘 합니다. 반면 새로운 일에 도전하기보다는 안정성을 추구하며, 자신의 감정 표현에 다소 서툰 모습을 보일 수 있습니다. 이런 좌뇌형 아이의 경우 작은 수납 바구니를 여러 개 활용하여 아이템별로 라벨링 해주고 물건을 각각의 박스에 수납하도록 차근차근 알려줍니다. 정리를 부탁할 때도 "○○아, 나중에 물건을 쉽게 찾으려면 제자리에 둬야지"라고 논리적으로 설명하면 더 효과적입니다.

자녀방 정리에서 가장 중요한 포인트는 한 가지 방법만 고집하지 않고 상황에 따라, 혹은 아이들 성향에 맞는 정리법을 찾아가야 한다는 것입니다. 정리는 근본적으로 사용자가 편리한 방식으로 해야 합니다. 나중에 아이의 공부 습관을 키워주기 위해서도 정리는 매우 중요하니 유치원을 다니는 시기부터 스스로 정리하는 방법을 알려주고 미리 정리의 힘을 길러주는 것이 좋습니다.

아이에게 정리 습관이 형성되면 좋은 점은 해야 할 일을 아이 스스로 빠르게 결정할 수 있고, 주변에 충분한 공간이 확보되어 공부나 놀이를 바로 시작할 수 있다는 것입니다. 짧은 시간에 빠른 집중이 가능하므로 효율적으로 공부할 수 있고 반복되면 성적 향상으로 이어질 수도 있습니다.

*

정리를 잘 하는 아이로 자라길 바란다면
처음부터 완벽을 요구해서는 안 됩니다.
못한다고 아이를 다그치기 시작하면
오히려 역효과로 정리가 싫어질 수 있으니 차근차근
정리하는 방법을 알려주고 충분히 기다려 주세요.

Step 1 **꺼내기**

일단 아이들과 함께 모든 장난감을 꺼내 분류하고 오래된 것들은 나눔, 배출하여 충분한 공간을 확보합니다.

Step 2 **배치하기**

이후에 동선에 맞게 끼리끼리 분류하여 정리하는 작업이 필요합니다. 공간박스, 수납박스 등을 이용하면 깔끔하게 정리가 가능합니다.

Step 3 수납하기

취학 전 아이들은 연령에 맞는 정리가 필요합니다. 아이들 눈높이에 맞게 낮은 수납이 중요합니다. 초등 저학년 아이들의 경우, 수납 박스를 활용하여 세로수납으로 정리하되 위아래로 겹겹이 쌓지 않고 좋아하는 물건을 앞쪽으로 배치해서 정리합니다. 아이들의 방은 이왕이면 모두 아이의 물건으로만 채워주세요.

초등 저학년 아이를 둔 엄마들의 가장 큰 고민은 아이들의 미술, 만들기 작품을 어디에 어떻게 둘 것인가 입니다. 만들기 작품의 경우 아이들을 위한 전시 공간을 방 한편에 만들되, 일정 기간이 지나면 정리하는 습관이 필요합니다. 그림 등은 클리어 파일에 보관하고 시간이 지나 오래된 만들기 작품은 사진을 찍어 보관하고 정리하도록 합니다.

기본 중의 기본, 가구 배치 및 라벨링 하기

아이방의 가구는 안전함이 중요합니다. 그래서 깨지고 부서지기 쉬운 재질보다는 처음부터 안전하고 튼튼한 가구로 구매하는 게 좋습니다. 또 키가 낮은 가구를 배치해 아이들이 물건을 직접 손으로 꺼내는 연습이 필요합니다. 가장 중요한 것은 그림 또는 글씨로 수납함에 라벨링을 해두는 것입니다. 라벨링 표시를 보고 아이들이 직접 정리하는 연습을 반복하다보면 스스로 정리하는 습관을 기르는 데 도움이 됩니다.

보통 초등학교 저학년까지는 엄마와 함께 공부할 수 있는 가구 배치가 좋지만 그 이상부터는 집중을 잘 할 수 있는 환경을 만들어줘야 합니다. 집중을 잘 하기 위해서는 주변에 널브러진

것들이 많지 않아야 하므로 문이 달린 가구나 붙박이장 등으로 가려주면 좋습니다. 그리고 책장이 창문을 바라보는 배치는 주의력이 떨어질 수 있으므로 피하는 것이 좋습니다.

또, 학년이 높아질수록 학습 공간과 놀이 공간은 분리해야 합니다. 방이 너무 크면 아이들이 불안감을 쉽게 느끼고 불필요한 물건을 수납하게 되므로 좋지 않은 구조입니다. 방이 큰 편이라면 가벽이나 책장으로 파티션을 만들어 공간을 분리하는 것이 좋고 아이들이 혼자 찾고 꺼낼 수 있도록 동선을 고려하여 스스로 수납할 수 있는 환경을 만들어줍니다.

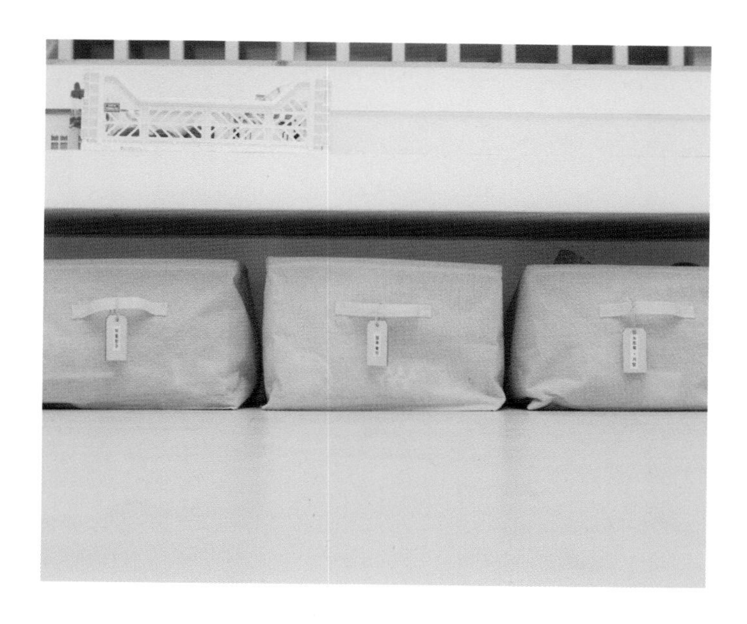

효율적인 아이방 서랍 정리 꿀팁

책상 서랍은 칸마다 끼리끼리 분류하여 수납합니다. 첫 번째 칸은 문구류, 두 번째 칸은 소품류, 세 번째 칸은 인쇄물이나 교재 등을 수납하면 좋습니다. 책상에 앉았을 때 가장 가까운 서랍에는 바로 해결해야할 것들을 수납하여 아이들에게 일의 우선순위를 두도록 하고, 소품이나 문구류는 물건마다 칸을 나누어 방을 만들어 주고 그 자리에 수납하도록 합니다.

책장 정리의 경우 무거운 책은 아래에, 가벼운 책은 위에 배치하는 것을 기본 원칙으로 합니다. 전집류처럼 종류가 많다면 한 눈에 훑어볼 수 있도록 위 아래로 꽂아두고 아이들이 직접 꺼내기 좋게 책꽂이 칸에 여유를 두면 좋습니다. 서점이나 도서관식 배치를 원한다면 폭에 관계없이 앞줄을 맞추면 깔끔하게 정리가 됩니다. 다만 책장이 너무 빽빽하고 답답하지 않게 중간에 쉬는 코너를 만들어 장식품 등을 배치하면 더 감각적인 느낌을 줄 수 있습니다. 만약 남는 공간이 있다면 언더 선반을 활용해 읽다만 책이나 독서록 등을 보관해 보세요.

어린 자녀와 독서 교육을 하는 경우, 다 읽은 책은 뒤집어 꽂거나 넣는 칸을 따로 두면 읽은 책과 읽지 않은 책 구분이 한 눈에 가능합니다. 또 읽은 책 뒤에 스티커를 붙여두면 여러 번 읽은 책을 따로 표시해 둘 수 있어 좋습니다.

살림꿀팁! 정리꿀팁!

도구를 활용하여 효율적으로 수납하기

장난감을 종류별로 분류해서 바구니에 넣고 라벨링을 해주면 스스로 정리하는 습관을 길러 줄 수 있습니다.

우유병과 요구르트 병을 활용한 서랍 정리

정리의 끝, 케이블선 정리

사무실용 집게로 책상 모서리를 집은 뒤 손잡이 부분에 케이블 선을 집어넣으면 깔끔하게 정리할 수 있습니다. 또 이어폰 머리부분을 집게로 집고 손잡이에 돌돌 감으면 선 정리를 쉽게 할 수 있습니다.

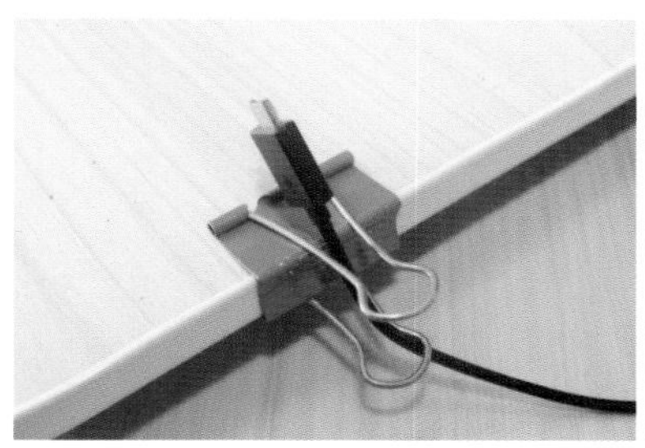

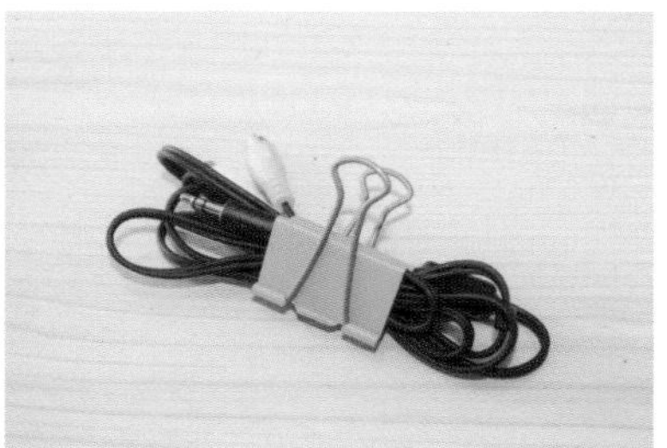

PART 4

혼돈과 정돈은 한 끗 차이

01 주방에 활력을 더하는 정리법

주방은 가사 공간 중에서도 가장 많은 시간을 보내는 곳입니다. 따라서 주방은 물건 배치와 조리 동선을 반드시 고려해 피로감을 최소화 하고, 조리하는 시간을 고려해 가전을 배치하는 것이 좋습니다.

주방은 과거와 달리 단순 음식을 조리하는 공간은 아닙니다. 예전에는 소파에서 가족들이 모여 시간을 보냈다면, 요즘은 식탁에서 보내는 시간이 많아져 주방은 가족 간의 만남이나 휴식 공간으로도 사용되고 있습니다. 그래서 주방을 카페처럼 사용하는 경우도 많아졌고, 인테리어 무드에 맞게 소가전도 배치하고 있습니다. 커피메이커나 조리용 소가전은 실용 가전을 넘어 디스플레이 역할을 하고, 수납장은 단순히 식품을 보관하는 장소가 아닌 수납 데코레이션이 되기도 합니다.

이렇게 시대의 변화에 따라 주방을 정리하는 방법 또한 달라졌습니다. 그에 맞는 주방 정리법을 배워보고 주방 스타일링으로 내가 원하는 형태의 주방을 만들어 보세요.

싱크대 정리하기

조리 동선을 고려하기 위해서는 우선 나의 움직임과 냉장고 사용 횟수 등을 파악해 그에 맞게 조리 도구를 배치해야 합니다. 싱크대는 주방에서 가장 중요한 가구 중 하나입니다. 물론 설계에 따라 가구가 되기도 하고 기능시스템이 되기도 하지만 싱크대를 잘 정리해서 사용해야 하는 이유는 거실과 마찬가지로 온 가족이 함께 사용하는 공간이기 때문입니다. 공용 공간인 만큼 가족 누구라도 사용하기 편리하게 정리될 때 좀 더 만족스런 삶이 영위됩니다.

싱크대는 상부장과 하부장으로 나누는 것이 일반적이지만 요즘은 상부장을 없애고 하부장만 사용하는 가정이 많아졌습니다. 이유는 여러 가지입니다. 상부장이 없을 때 주방의 벽면이 시원하게 보이므로 좀 더 넓은 주방으로 사용할 수 있고 위에서 무거운 물건을 꺼내는 불편함을 줄일 수 있기 때문입니다. 이 두 가지 니즈를 보더라도 싱크대는 두 가지 역할을 충족해야합니다. 바로 편리할 것, 미적으로 보기 좋을 것!

잘 정돈된 싱크대는 보기에도 좋고 주방에서 일하는 시간을 즐겁게 합니다. 그러므로 싱크대 위에는 많은 물건을 꺼내놓지 않는 것이 좋습니다. 이것은 미관상으로도 보기에 나쁘지만 결정적으로 싱크대에서 필요한 조리 공간을 해칠 수 있습니다. 조리 공간이 비좁아서 결국 식탁 테이블에 의지해야 할지도 모릅니다. 주방에서 즐겁게 조리하는 시간을 갖고 싶다면 지금 바로 싱크대 상판을 비우고 내가 움직이는 동선에 맞춰 물건들이 자리 잡고 정리될 수 있도록 해야합니다.

주방에서 필요한 물건 선별하기

- 쓰는 물건: 꼭 필요한 물건
- 쓸 수 있는 물건: 사용은 많지 않으나 사용 가능한 물건
- 상념이 강한 물건: 사용하지 않으나 버릴 수 없는 물건
- 역할을 다한 물건: 오래되어 사용이 불가하고 사용도 하지 않는 물건

주방에서 지금 바로 정리해야 할 물건

- 낡고 오래된 주방용 스펀지와 오래된 도마
- 오래 사용하지 않은 조리 도구들
- 한참이나 먹지 않고 있는 저장 식품류

우리집 주방 가전 체크하기

주방에서 가장 공간을 많이 차지하고 있는 것은 바로 가전제품입니다. 특히 요즘은 다양한 조리를 돕는 소가전들이 많이 출시되어 더욱 주방을 가득 채우고 있습니다. 주방 가전들은 조리 시 편리함을 주지만 부피가 크고 한두 번 사용 후 사용하지 않을 가능성이 커 골치가 아픈 경우도 있습니다. 특히 보관할 공간이 없어서 식탁 테이블까지 침범한 소가전들이 우리 주방에서 정말 필요한 물건인지 꼭 체크해 주세요. 만약 불필요하다면 과감히 비우거나 나눔 혹은 재판매로 꼭 필요한 사람에게 전달하는 것도 좋은 방법입니다.

주방에서 사용자의 동선은 상당히 중요합니다. 싱크대 위에 물건을 배치할 때 이동 동선이 먼저 정해지면 동선에 따라 물건의 자리를 정해 배치하면 됩니다. 일하는 순서에 맞게 동선을 최소화하여 아래와 같이 배치하면 간단합니다.

동선을 최소화하여 배치: 주부가 일하는 순서로

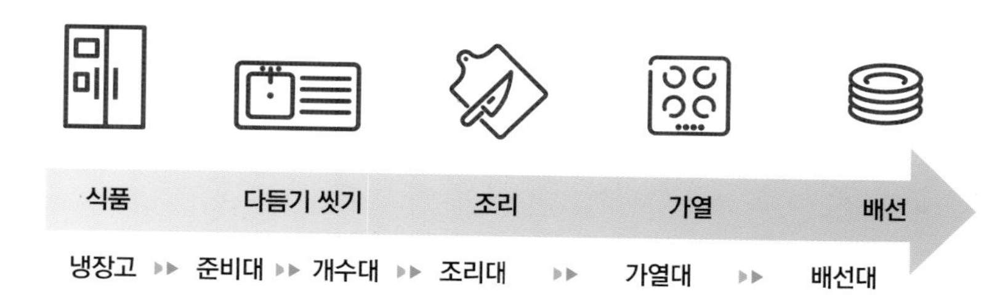

상부장 정리하기

이 골드존은 손이 가장 잘 닿는 곳으로, 설거지 후 바로 수납이 가능하며 자주 사용하는 그릇들을 수납하기 좋습니다. 상부장의 크기와 칸의 수에 맞춰서 그릇을 정리해야 하므로 먼저 상부장 내부를 관찰하고 물건의 양을 조절한 후에 자리를 배치합니다.

먼저 상부장 맨 윗 칸은 손이 잘 닿지 않는 곳이기 때문에 자주 사용하지 않는 물건을 보관하도록 합니다. 그릇이나 컵을 보관하는 경우, 편의점식 수납법으로 같은 종류의 그릇을 한 줄로 수납해야 합니다. 그래야만 각 종류별로 모두 꺼내어 사용이 가능합니다.

그릇의 양이 많을 때는 2단 랙을 사용해서 공간을 충분히 활용하고 그릇을 넣고 꺼내기 편리하도록 수납하는 것이 좋습니다. 무게감이 있는 그릇을 수납할 때는 소재가 단단한 랙을 사용해서 안정적으로 수납하는 것이 중요합니다.

텀블러나 물통은 생각보다 수납이 어려운 고난이도 제품입니다. 높이가 다양하고 같은 종류가 없기 때문에 키가 높은 물통을 상부장에 수납할 때는 눕혀서 수납하는 것이 좋습니다. 대신 쏟아질 수 있다는 위험이 있고 아래에 수납된 물통을 꺼낼 수가 없으므로 파티션 형식의 도구를 사용하면 좋습니다. 아래의 그림과 같은 도구는 우유갑으로 직접 만든 도구입니다.

상부장 공간은 최대한 가벼운 물건을 수납하도록 합니다. 바로 싱크대 선반이 휘어지는 것을 방지하기 위함입니다. 일회용품이나 다양한 물건을 보관할 때 수납 도구를 사용하면 통째로 꺼내서 필요한 물건을 볼 수 있으므로 안전하고 편리하게 사용 가능합니다.

또 싱크대 상부장에 그릇을 수납할 때는 종류별로 분류하고 끼리끼리 수납할 것, 보이지 않는 뒷부분까지 다 사용할 수 있도록 편의점식으로 수납할 것, 틈새를 활용하는 도구를 사용할 것, 이 세 가지가 포인트입니다. 그릇을 정리하고 남는 공간은 다양한 도구를 활용해 틈새까지 수납하면 좋습니다. 특히 좁은 사이즈의 싱크대는 틈새를 활용하는 수납법으로 최대치를 활용하는 것이 중요합니다.

하부장 정리하기

싱크대 하부는 보통 선반이 없이 개방되어 있기 때문에 수납하기 적합한 공간은 아니지만 활용하지 않기에는 아까운 공간입니다. 때문에 이동용 선반 등을 설치해서 공간을 확보하면 수납에 활용도가 높습니다. 그러나 물이 흘러 내려가는 부분이므로 습기가 약한 물건이나 양념류는 되도록 보관하지 않고 개수대에서 사용하는 물건들 위주로 수납하는 것이 좋습니다.
두 번째로 가열대 하부장은 조리 시 바로 사용할 수 있도록 양념류를 수납하되 뒤에 배치된 양념까지 모두 사용하기 편하도록 도구를 사용하면 편리합니다. 만약 싱크대에 선반이 있어서 키 큰 양념류를 수납하기 어려울 때는 선반을 떼어서 높이를 조정합니다.

보통 하부장에는 프라이팬을 보관하는 경우도 많습니다. 프라이팬을 수납할 때 유의할 점은 프라이팬 바닥이 서로 부딪히게 닿지 않도록 해야한다는 것입니다. 프라이팬은 코팅이 벗겨지면 조리 시 건강에 좋지 않으므로 반드시 개별적으로 수납하도록 합니다. 도구를 활용하여 세로로 세워서 수납하거나 사진처럼 가로형으로 개별적 수납을 해도 좋습니다. 프라이팬 수납도구를 대체할 수 있는 문구용 파일함을 프라이팬 수 만큼 넣어서 사용하는 것도 꿀팁입니다.

서랍 정리하기

싱크대의 서랍 맨 윗칸은 보통 자주 사용하는 물건을 수납해 둡니다. 이 때 같은 종류를 모아서 한 눈에 보이도록 하고, 세로로 수납하여 물건의 수량을 파악하도록 합니다.

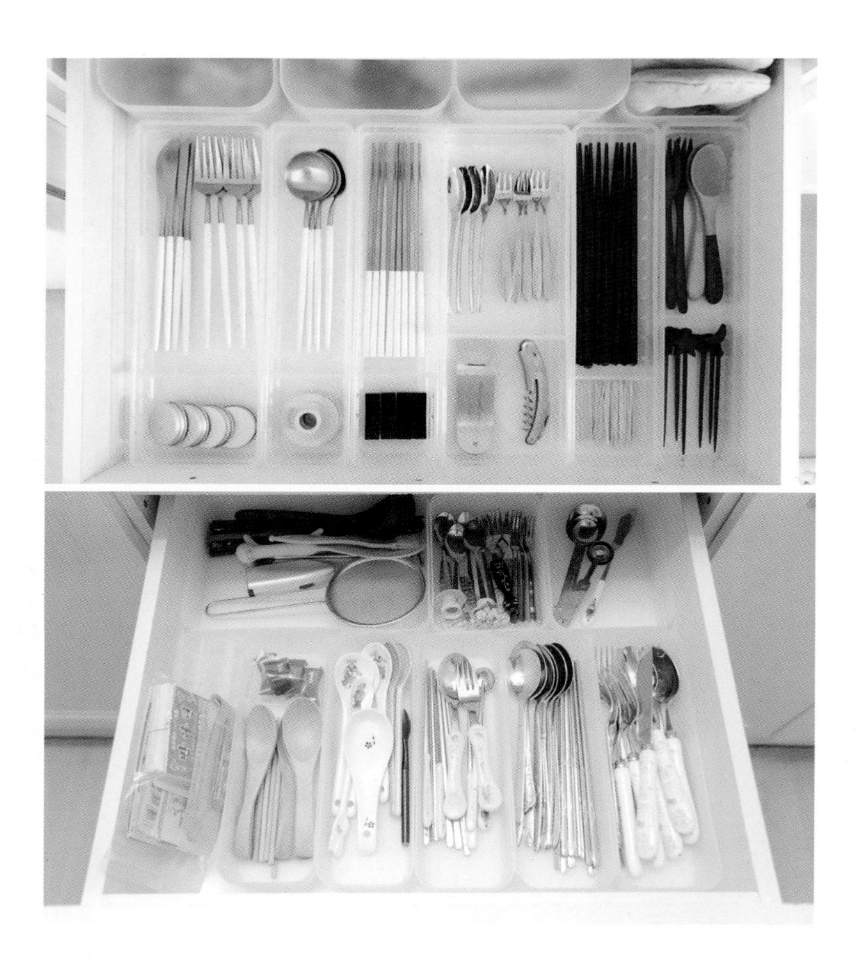

그럼 마지막으로 우리 집 주방의 수납이 어려웠던 이유를 아래와 같이 체크해 보고 정리해 보는 시간을 가져보세요.

1 물건의 종류가 많다.
2 물건이 섞여 있다.
3 동선을 고려하여 배치하지 않는다.
4 서랍을 효율적으로 사용하지 못한다.
5 버려야 할 물건을 모으고 있다. (ex. 일회용품 등)
6 주방과 상관없는 물건들이 섞여 있다.
7 소형가전 외에도 많은 물건들이 싱크대 위에 놓여 있다.

*

예전에는 소파에서 가족들이 모여

시간을 보냈다면 요즘은 식탁에서

보내는 시간이 많아졌습니다.

주방을 만남의 장소나

휴식 공간으로 사용해 보세요.

팬트리 정리법

서구 문화에서 시작된 팬트리는 식료품을 보관하는 장소입니다. 그러나 요즘은 단순히 식료품을 보관하는 장소로만 사용되는 것이 아니라, 잘 정돈된 팬트리는 인테리어 효과까지 줄 수 있습니다.

저의 경우, 수납함을 활용하여 팬트리를 정돈하는 수납 데코레이션을 하고 있습니다. 보통 식품을 보관하는 경우가 많은데, 보관하면서 유통기한을 확인하고 기간이 지난 식품은 바로 배출하는 것이 중요합니다. 또 중복 구매를 막기 위해 개별로 보이게 수납하는 것도 중요합니다.

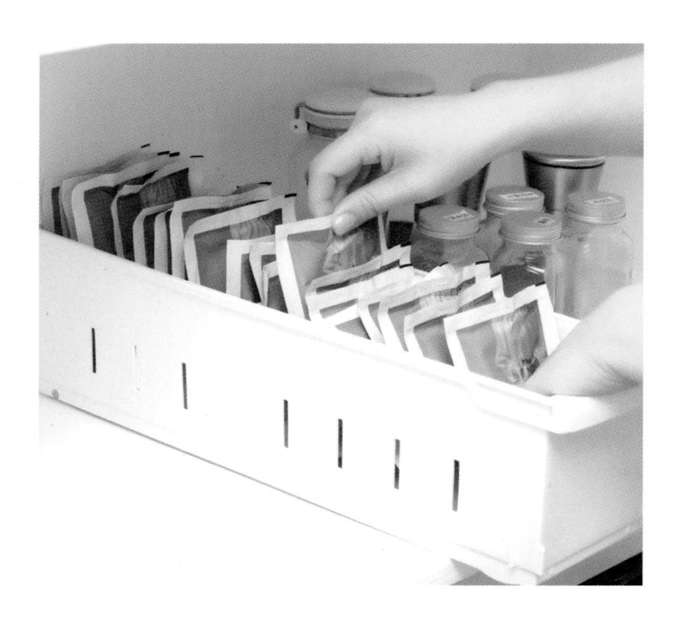

PAPRIKA
POWDER
Parsley
LONDON

비비고 갈비탕
짜파게티
SPAM
진라면
Ocean Spray
RubyRed
Original

팬트리를 깔끔하게 정리하기 위한 팁으로 수납함은 과하게 남용되지 않도록 합니다. 공간의 사이즈와 필요한 이유를 잘 파악해야 하는데, 개별적으로 보관해야 하는 식품이나 물건을 넣을 때만 사용하는 것이 좋습니다. 이때 내부가 보여야 관리가 쉬운 식품류는 투명한 소재의 수납함을 선택하도록 합니다.
또 종이박스에 담긴 식품의 경우, 재활용을 위해 박스를 그대로 사용하는 경우도 있지만 시간이 지나면 종이먼지와 종이벌레가 생기므로 자주 교체해 주거나 오래 사용할 수 있는 플라스틱 수납함으로 바꾸어 보관하는 것이 좋습니다.

02 숨은 공간, 냉장고 심플하게 정리하기

냉장고는 가족의 건강을 위해 정리와 관리가 필수적입니다. 오랜 시간 냉장고나 냉동고에 음식을 보관하는 경우, 상하는 음식들이 있다는 사실을 인지하지 못하고 몇 년씩이나 음식을 방치하는 경우가 있습니다. 그러나 냉장고에도 분명 저온세균이 존재하고 있고 일정한 기간이 지난 음식을 섭취해서는 안 됩니다. 그래서 냉장고 내부에 있는 음식들은 바로 확인하여 먹거나, 정리하여 비울 수 있게끔 되도록 음식이 보이는 투명한 용기에 보관해야 합니다.

kirra
MUSH
MUSH
MUSH
MUSH
MUSH
MUSH
vive organic
vive organic

냉장고의 변천사

냉장고는 시대가 변함에 따라 다양한 디자인과 고성능 제품이 출시되면서 점차 선택의 폭이 확대되고 있습니다. 냉장고는 이제 집에 꼭 필요한 필수품이 되었고 사이즈가 커진 만큼 냉장고에 많은 양의 식품들을 보관하고 있는 가정이 많아졌습니다. 하지만 너무 많은 음식 보관으로 인해 냉'창고'가 되어 가고 있다면 나의 건강, 우리 가족의 건강과 직결되는 부분인 만큼 반드시 자주 정리해야 합니다.

사이즈의 확대

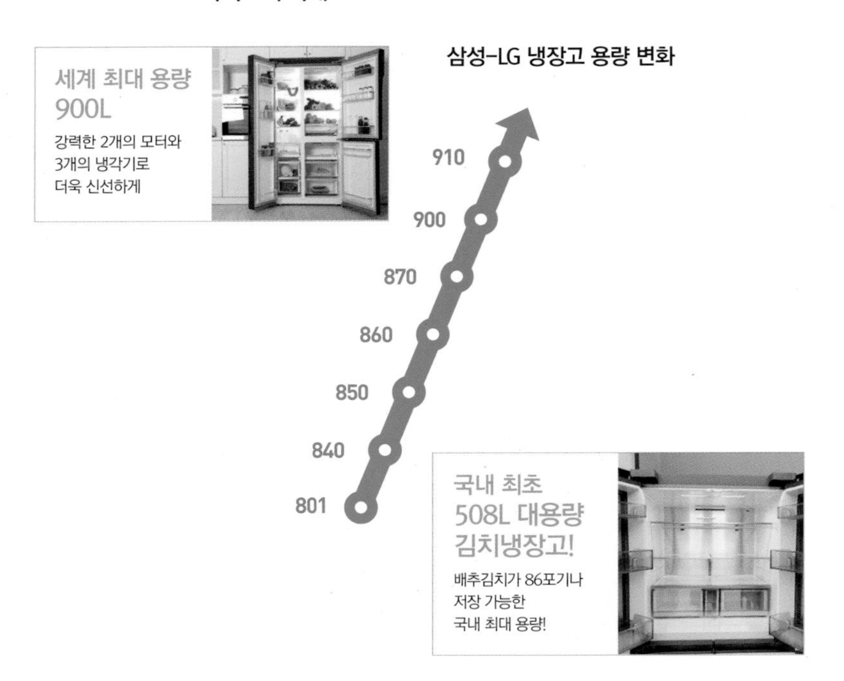

우리가 냉장고를 정리해야 하는 이유는 다양합니다. 첫 번째로 건강한 냉장고를 만들고 유지하기 위해서, 두 번째로 먹지도 버리지도 못하는 음식을 냉장고 안에서 영원히 방치하는 것을 방지하기 위함입니다. 또 비싼 물가로 인해 가계 부담이 있는 경우, 소비를 줄이기 위한 방법으로도 좋습니다. 냉털[9] 파스타, 냉털 볶음밥이라고 한 번쯤 들어보신 적 있으시죠? 앞으로 살아갈 지구의 환경을 생각해서라도 냉장고 정리를 알아두면 여러모로 유용한 꿀팁이 될 수 있습니다.

9 '냉장고 털기'의 줄임말

냉장고에도 세균이 산다?

예) 냉장고에 음식을 무작정 많이 보관하는 이유는 대부분 냉장고나 냉동고는 세균이 번식하지 못할 것이라고 생각하기 때문입니다. 이와 같이 잘못된 상식으로 냉장고에 오래된 식품을 그대로 두고 있는 경우가 많습니다. 그러나 냉장고에는 저온 세균이 번식할 수 있으며 특히 냉동실에도 세균이 있으므로 유통기한을 반드시 체크하여 반입, 반출하는 것이 중요합니다.

식품별 냉장실 보관 기간

식품명	보관기간	보관방법
닭고기	2일	국을 끓여 먹는다고 해도 10일 이상은 보관이 어렵다.
돼지고기	2일	국을 끓여 먹는다고 해도 10일 이상은 보관이 어렵다.
두부	2-3일	쓰고 남은 두부는 물을 부은 용기에 소금을 약간 넣어 보관한다.
부추	2-3일	반으로 잘라 종이타월로 감싼 후 밀봉 보관한다.
콩나물	2-3일	콩나물은 그냥 두면 색이 변하므로 찬물에 담가 통에 보관한다.
깻잎	3-4일	물기를 없애고 종이타월에 싼 후 눌리지 않게 밀봉 보관한다.
고추, 피망	1주일	표면의 물기를 닦고 지퍼백에 밀봉 후 야채실에 보관한다.

식품별 유통기한과 소비기한

구분	유통기한	소비기한(유통기한 경과 후)
우유	14일	45일
두부	14일	90일
슬라이드 치즈	6개월	70일
라면	5개월	8개월
고추장	18개월	2년 이상
식빵	3-5일	20일
냉동만두	9개월	1년 이상
식용유	2년	5년
달걀	45일	25일
인스턴트 커피	1년 6개월	반영구적

소비기한의 기준은 **미개봉**과 **냉장 보관**한 상품에 해당

유통기한: 상품이 시중에 유통될 수 있는 기한

소비기한: 식품을 섭취해도 건강이나 안전에 이상이 없을 것이라고 인정되는 소비 최종 기한

채소류	감자: 냉장 4일 당근: 냉장 2주 무: 냉장 1주 양배추: 냉장 1-2주	쌈 채소: 냉장 3-4일 피망: 냉장 3-5일 양파: 냉장 4일 감자: 냉장 1주	
과일류	사과: 냉장 3주 포도: 냉장 2-3일 복숭아·자두: 냉장 5일	딸기: 냉장 3일 바나나: 냉동 3주 수박: 냉장 5일	
육류	돼지고기: 냉장 3-5일 | 냉동 6개월 쇠고기: 냉장 3-5일 | 냉동 6개월 닭고기: 냉장 2일 | 냉동 12개월		
기타 식품	달걀: 냉장 3-5주 우유: 냉장 1주 치즈: 냉장 1-2주 견과류: 냉동 3개월	떡과 빵: 냉동 1-2개월 케이크: 냉장 2일 | 냉동 2개월 고춧가루: 냉동 6개월	
어패류	꽁치: 냉장 1-2일 | 냉동 2개월 고등어: 냉장 1-3일 | 냉동 3개월 생연어: 냉장 2일 | 냉동 불가 훈제연어: 냉동 1개월 갈치: 냉장 2일 | 냉동 6개월 익힌 생선: 냉동 1개월 오징어: 냉장 1일 | 냉동 1개월 조개류: 냉장 1일 | 냉동 1개월 굴: 냉장 1일 | 냉동 4개월 새우: 냉장 2일 | 냉동 6개월		

아래의 진단 체크를 통해 우리집 냉장고 상태를 먼저 관찰해 보세요.

Q 지금 냉장고에 유통기한이 지난 상품은 몇 개인가요

□ **0~3개**

당신은 냉장고를 100% 활용하고 있는 프로 살림꾼입니다.

□ **4~6개**

냉장고 정리정돈에 조금만 더 신경 쓴다면 자투리 재료로 스피드 요리를 할 수 있는 멋진 살림꾼의 잠재력이 보입니다!

□ **7~12개**

당신의 냉장고가 가족의 건강을 위협하고 있습니다. 냉장고 속에서도 세균은 번식하니, 당장 유통기한이 지난 음식부터 버려주세요.

냉장고에 넣지 말아야 할 식품류

- **토마토**: 맛이 없어집니다. 냉장고는 토마토가 숙성되는 것을 방해하고 질감도 변질되므로 상온 보관해 주세요.
- **감자**: 녹말이 당분으로 변화하는 것을 가속화 합니다. 감자는 종이봉투 혹은 상자에 담아 서늘하고 어두운 곳에 보관해 주세요. 한 가지 팁을 알려드리자면, 감자 10kg당 사과 1개를 함께 보관하면 에틸렌이 나와 감자의 싹이 나는 것을 억제합니다. 반대로 양파와 함께 보관하면 빨리 물러지니 주의해 주세요.
- **마요네즈**: 달걀노른자와 식용유를 섞어 만들어진 마요네즈는 온도가 낮으면 분리되어 상하기가 쉽습니다.
- **아보카도**: 아보카도는 후숙이 잘 될수록 맛있으니 상온보관 해주세요. 혹시라도 장기 보관이 필요하다면 냉동 보관이 좋습니다.
- **초콜릿**: 초콜릿은 냉장고의 냄새를 흡수합니다. 필요시에는 밀봉하여 냉동 보관을 추천합니다.
- **커피원두**: 커피 또한 냉장고의 냄새를 흡수할 뿐 아니라 고유의 향을 잃게 됩니다. 밀봉하여 서늘하고 어두운 곳에 보관해 주세요.
- **꿀**: 꿀의 경우, 냉장고에 들어가면 설탕처럼 굳어지는 경우가 있습니다. 상온 보관을 추천합니다.
- **핫소스**: 핫소스는 차갑게 보관하면 특유의 매운맛이 사라지고 밋밋한 맛이 남습니다. 개봉한 핫소스도 3년까지 상온 보관이 가능하니 이왕이면 상온에서 보관해 주세요.

먼저 냉장고 정리를 위한 첫 번째 과정은 냉장고 속 음식을 모두 꺼내어 분류하고 버리는 작업입니다. 꽉찬 식료품을 하나하나 정리하며 비우는 작업이 우선이며, 그 후에는 비어진 냉장고를 청소하고 공간을 비우는 작업이 필요합니다. 간혹 냉장고를 구매하고 나서 한 번도 닦지 않았다는 분들도 볼 수 있습니다. 냉장고도 집과 마찬가지로 자주자주 닦아주어야 깨끗하게 관리가 됩니다. 냉장고 안의 선반과 서랍을 모두 분해하여 소주나 에탄올 등을 이용하여 청소하고, 정리된 식료품들이 들어갈 자리를 만들어 주어야 합니다.

세 번째 과정은 동선에 맞게 끼리끼리 음식물을 배치하는 작업입니다. 정답은 아니지만 보통 아래와 같이 음식물 및 식료품을 배치하면 오랫동안 깨끗한 컨디션을 유지할 수 있습니다. 미리 포스트잇을 붙여놓고 지속적으로 관리하는 것도 좋은 방법입니다.

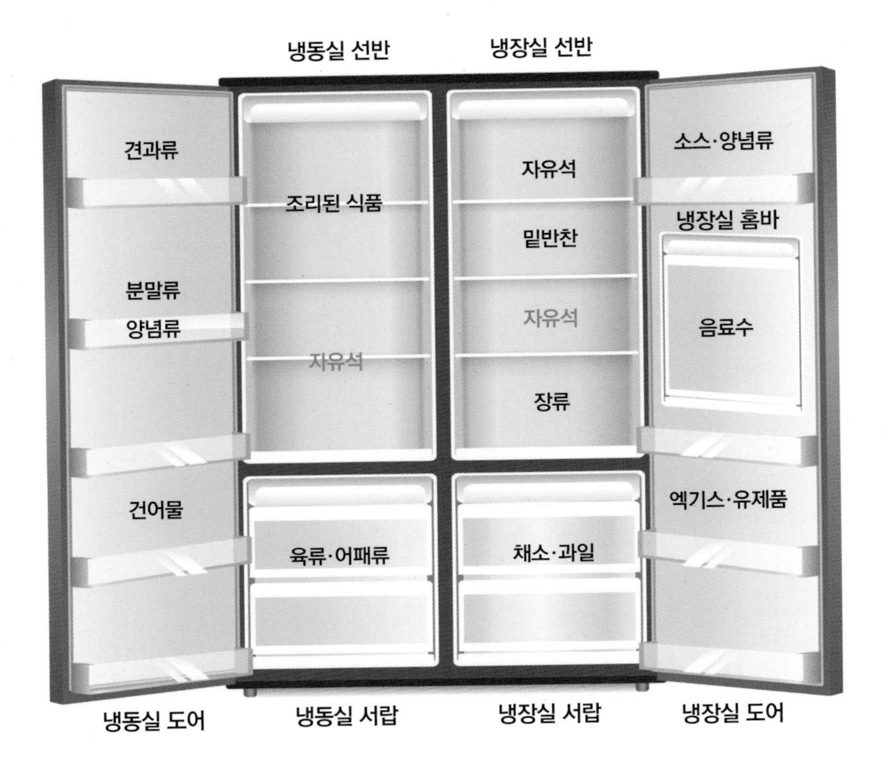

네 번째 과정은 다양한 수납 방법과 도구를 활용하여 음식물 수납하기입니다. 효율적인 냉장고 수납 방법으로는 끼리끼리 수납법(같은 종류끼리 모아 정리하는 방법), 편의점식 수납법(같은 종류의 물건을 편의점처럼 줄 세워 수납하는 방법), 세로 수납법(서랍 등에 모든 물건이 한 눈에 보이게 세워서 보관하는 법), 서랍식 수납법(바스켓이나 트레이를 이용하여 서랍처럼 사용하는 방법) 등이 있습니다. 보통은 여러 가지 수납법을 음식물의 관리 방법에 맞게 활용하여 냉장고를 정리하도록 권장하고 있습니다. 같은 공간이라도 더 많이 수납하고 넣고 꺼내기가 쉽게끔 사용자 입장에서 고려하여 수납하는 것이 좋습니다.

마지막은 라벨링을 습관화하기 입니다. 필요한 경우 구입 날짜, 유통 기한 등을 라벨링하고 주기적인 분리배출로 깨끗한 냉장고를 유지하는 것이 가장 중요합니다.

끼리끼리 수납법

편의점식 수납법

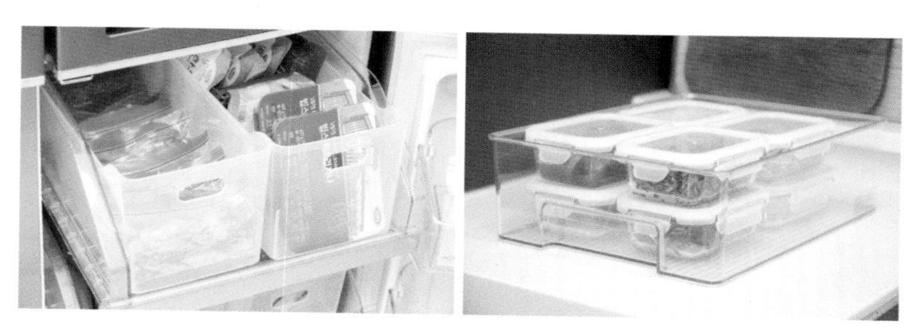

세로 수납법

서랍식 수납법

냉장고 정리 십계명

1 소량 구매하기

2 선입 선출하기

3 용도별로 선반 사용하기

4 투명 용기 사용하기

5 세로로 수납하기

6 서랍식 수납하기

7 자유공간 만들어주기

8 유통기한 라벨링 하기

9 주기적으로 내부 청소하기

10 깨끗하게 관리, 유지하기

옥수수
보이차
상황버섯
말린무우

냉동실 정리의 문제점

많은 주부님들의 실수 중 하나가 장을 본 후 정리 없이 그대로 냉동실에 직행하는 경우입니다. 시간이 지나 냉동실에서 음식물을 꺼내면 덩어리 채로 그대로 보관되어 있어 바로 사용이 어려워집니다. 또 들어온 순서대로 그대로 쌓아 두어 어디에 어떤 음식이 있는지 구분하지 못하는 경우도 생깁니다.

두 번째 큰 실수는 유통기한을 확인하지 않는다는 것입니다. 유통기한을 확인하지 않은 음식들이 그대로 쌓여 버리는 일도 잦습니다. 이 경우 유통기한 라벨링과 수납용품을 사용하면 훨씬 관리가 수월할 수 있습니다.

냉동실 정리도 냉장고와 마찬가지로 동일한 과정을 거칩니다. 냉동실의 경우 수납하는 방법이 냉장고와 조금 다를 수 있습니다.

1 꺼내기

먼저 냉동실에 있던 오래된 음식물을 모두 꺼내고 작업 공간을 확보합니다. 음식물을 꺼내면서 종류별로 나누어야 하니 보냉백이나 아이스박스를 여러 개 준비하여 분류해 주세요. 이 과정에서 유통기한이 지난 음식이나 잘 먹지 않는 음식, 정체를 알 수 없는 음식 등은 모두 과감히 버립니다.

2 청소하기

냉동실에 있던 식품들을 다 꺼낸 후 식초나 소주 등 소독제로 깨끗하게 청소를 합니다. 이때 베이킹 소다 같은 파우더 제품으로 청소를 하면 후에 가루가 남아서 더 지저분해 질 수 있으므로 액체로 닦는 것이 좋습니다.

선반, 서랍 분해

수주(에탄올) 이용

3 자리 배치하기

냉동실 청소가 끝났다면 동선에 맞게 음식물 종류대로 자리에 배치합니다. 가벼운 식품들은 먼저 도어에 수납하고 손이 자주 닿은 식품은 중앙에 배치합니다.

4 수납하기

냉동실 수납에서 가장 중요한 부분은 냉동실에 어떤 식품이 보관되어 있는지 알아야 한다는 것입니다. 그러므로 식품을 종류별로 분류하고 반드시 소분하여 식품의 종류와 양을 볼 수 있도록 수납합니다.

먹을 만큼의 양으로 나누고 반입 날짜를 표시하여 소분하되, 음식물이 보이는 재질의 용기를 사용하여 식품을 바로 확인 할 수 있어야 합니다. 검은 봉투나 덩어리로 음식이 얼어붙은 채 냉동실에 보관되면 결국 먹을 수도 없고 냉동실의 공간을 비좁게 만듭니다. 보이지 않고 손이 닿지 않은 식품까지 꺼내 먹을 수 있도록 트레이를 활용하면 더 편리합니다.

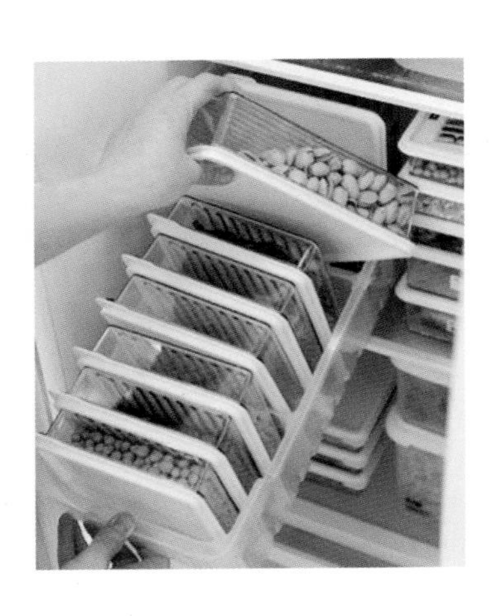

냉동실 도어에는 가벼운 식품류나 페트병에 든 식품, 긴 수납 용기에 담을 수 있는 식품류를 보관하는 것이 좋고 종류별로 분류하여 반입 날짜를 표시합니다.
육류나 생선류는 공기가 들어가지 않도록 밀폐하고 소분하여 보관합니다. 소분할 때는 바로 먹을 수 있는 양만큼 소분해서 냉동실 밖에 꺼내놨던 육류나 생선류를 다시 냉동실에 넣지 않도록 하는 것이 세균 노출의 위험을 미리 막을 수 있습니다.
냉동실 서랍은 위에서 보이는 구조로 되어 있으므로 반드시 세로로 수납하여 음식이 숨어 있는 것을 방지합니다. 특히 냄새가 강한 음식들과 다른 종류의 음식이 섞이지 않게 보관해 주세요.

도어 수납

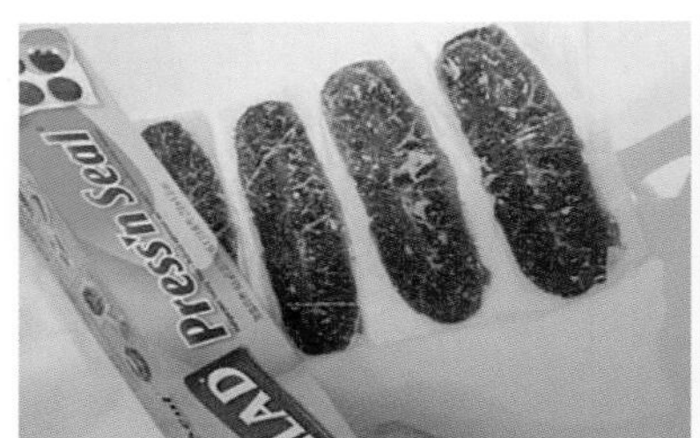

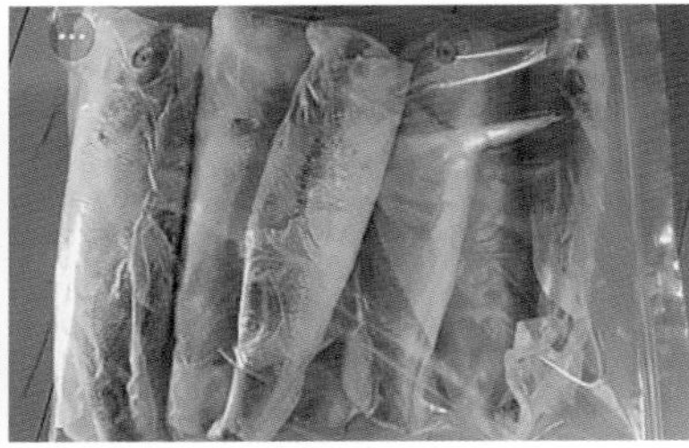

육류, 생선류, 떡류

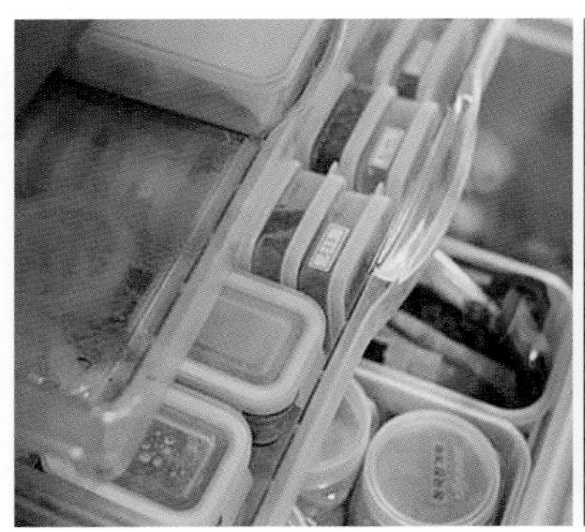
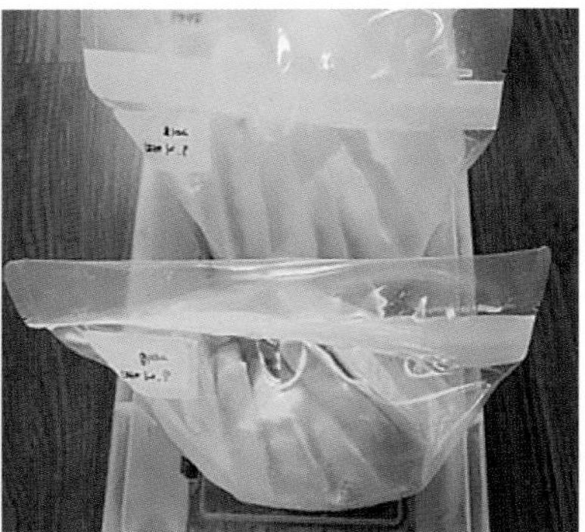

서랍 수납

5 라벨링

라벨링은 냉동고에 방치되어 있는 음식물을 줄이고 안전하게 음식을 먹을 수 있도록 하는 중요한 작업입니다. 유효기간이 표시되어 있는 포장재를 그대로 냉동고 안에 넣지 않고 반드시 소분하여 반입 날짜를 표시 후 보관하되, 기한 안에 식품을 섭취하고 음식물 쓰레기를 줄일 수 있도록 합니다.

소분을 일상화 하자!

예) 많은 분들이 냉동실에 다진 마늘이나 양파 등을 깍둑 모양으로 얼려서 보관하고 계시지요? 이렇게 음식을 소분하여 보관하면 요리할 때 하나씩 꺼내서 편리하게 사용할 수 있습니다.
이때 다진 마늘을 얼리는 한 가지 팁을 드리자면, 다져진 마늘을 고르게 펴서 깍둑 모양으로 누른 후 그대로 얼린 다음에 다 얼린 마늘을 하나씩 다시 보관하는 것입니다. 번거롭다면 얼음 트레이에 다진 마늘을 넣어서 얼린 채로 사용해도 좋습니다.

냉장고 외부 관리하기

흔히들 냉장고 외부에 각종 기념품 자석이나 사진 등을 많이 붙여두시는데요. 냉장고 외부에 너무 많은 것들을 붙여 놓으면 외관상 지저분해 보이기도 하고 자석으로 전기요금이 더 많이 부과되니 꼭 필요한 것만 붙여 놓는 것이 좋습니다.

냉장고 외부를 잘 활용한 예로 메모판을 부착해 내부에 보관된 음식물을 표시해 두면 필요한 음식을 바로 찾아서 먹을 수 있고 식품을 중복 구매하는 실수를 줄일 수 있습니다.

냉장고 외부

03 주인의 취향을 담는 주방 스타일링

요즘은 주방을 단순히 조리 공간으로만 사용하는 것을 넘어 각자의 취향에 맞게 스타일링해서 근사한 공간으로 바꾸는 시도를 하고 있습니다. 일반적으로 주방을 스타일링 할 때는 주인의 취향을 고려한 콘셉트를 정한 후 가구나 소품을 활용하여 원하는 주방의 형태를 구성합니다.

주방을 요리 공간으로만 깔끔하게 사용하고 싶다면 싱크대 컬러와 소재를 원하는 취향으로 정하고 조명은 알맞은 조도로 선택해 조리의 불편함이 없게 해야 합니다.

반면 주방을 카페처럼 만들어 또 하나의 휴식 공간으로 사용하고 싶다면 조리하는 싱크대 공간과 다이닝 공간을 분리하면 효과적입니다. 이 부분은 아일랜드 식탁을 두고 사용해도 좋고 커튼이나 파티션으로 분리할 수도 있습니다.

공간 스타일 정하기

주방의 스타일은 가족 구성원의 라이프 스타일과 취향이 가장 많이 드러납니다. 모던, 클래식, 젠[10], 내추럴, 미드센추리 등 다양한 스타일로 연출이 가능하며, 취향에 맞는 스타일이 정해지면 그에 적합한 가구나 소품, 컬러를 선택할 수 있습니다.

[10] Zen: 젠이라는 단어는 중국어 '찬'의 일본식 발음으로 20세기 후반 동양의 전통 공간미를 추구하는 오리엔탈리즘과 서양의 미니멀리즘의 중성적인 멋을 조합시킨 인테리어 스타일이다. 젠 스타일은 따듯하고 부드러운 느낌의 선한 인테리어로 일상의 스트레스를 완화시키고 휴식, 내면의 평화를 발견할 수 있도록 힐링을 추구한다.

수납 방법 선택

주방을 스타일링하기에 앞서 가장 중요한 것은 수납 방법을 정하는 것입니다. 이미 크기가 정해져 있는 싱크대나 키큰장 외 기타 주방 수납장에 물건이 보이지 않게 수납하거나 때로는 노출된 수납장을 활용해 정돈된 수납을 보여주는 것도 좋습니다. 시각적인 요소를 잘 살린 수납 방법은 주방을 더 근사하게 꾸며줄 수 있습니다.

컬러의 선택

주방의 컬러는 정해진 스타일과 연관 지어 포인트 컬러로 선택할지 전체 컬러를 변경할지 결정합니다. 컬러가 정해졌다면 식탁이나 조명 디자인도 컬러와 조화로울 수 있도록 해야 합니다. 특히 주방 타일이나 벽면 컬러는 주방의 분위기를 가장 잘 담아 주는 부분이므로 컬러 선택이 매우 중요하다고 할 수 있습니다.

또, 컬러의 온도감에 따라 주방의 크기를 보다 넓고 환하게 만들어 줄 수 있습니다. 이때 싱크대의 컬러는 집 전체의 스타일과 너무 동떨어지지 않게 하는 것이 좋습니다. 싱크대는 가구의 일부분이므로 집 전체 가구와도 조화롭게 선택하도록 합니다.

*

주방을 단순히
조리 공간으로만 사용하는 것을 넘어
취향에 맞게 스타일링해서
근사한 공간으로 바꿔보세요.

소품 정하기

주방을 스타일링 할 때 소품은 포인트로 사용되어 근사하게 마무리해주는 역할을 합니다. 소품은 조명, 화병, 러그 등 다양하지만 주방에서 가장 중요한 소품은 당연 식탁 조명입니다. 식탁 위 조명 하나만 바꿔도 주방이 근사한 레스토랑처럼 보이기도 북카페가 되기도 하며 나만의 아지트가 되기도 합니다. 그 외 너무 과하지 않은 만큼만 오브제로 장식하면 주방은 나만의 힐링 공간으로 바뀔 것입니다.

정리가 어려운 당신에게

정리를 대하는 올바른 자세를 한마디로 정의하자면 '너무 잘하려고 하지 말자'입니다. 내가 스스로 만드는 정리 루틴은 정리 컨설턴트의 솔루션처럼 드라마틱한 변화를 기대하기는 어렵습니다. 다만 꾸준히 정리하는 습관이 생긴다면 언젠가 반드시 내 삶을 변화시킬 것입니다.

정리는 온전히 내가 누려야 할 행복한 시간을 방해하지 않기 위해 장애물을 하나씩 비워 내는 과정입니다. 너무 빠를 필요도 없고 너무 잘할 필요도 없습니다. 우리가 처음부터 살림을 배운 적이 없듯 정리도 배운 적이 없기 때문에 모두에게 어려운 게 맞습니다. 다만 조금의 노력만으로도 충분히 배워서 잘 할 수 있다는 사실을 잊지 말아 주세요.

저는 이 책을 통해 여러분이 정리의 달인이 되기를 바라지 않습니다. 다만 정리를 시작해야 하는 이유를 충분히 느꼈다면 그것만으로도 이미 절반은 성공입니다. 정리의 시작은 분명히 인간의 삶 전체를 정리하도록 도와 줄 것입니다. 서랍 안에 있는 때묻은 물건들을 비워내는 연습, 물건의 자리를 만드는 연습을 반복하다보면 집안 어느 곳이든 정리가 쉬워집니다. 정리는 평생 함께하는 여행과 같은 것이라, 하루아침에 드라마틱한 변화를 만들어내고 지쳐 버리는 것보다 느리지만 하나씩 꾸준히 만들어 가는 정리 습관이 더 중요합니다. 이 과정이 쌓이면 더 단단하게 정리 습관이 자리 잡고 내가 스스로 해낸 결과를 유지하는 과정 또한 쉬워 질 것입니다. 정리가 어려운 당신에게, 이 책이 좋은 선물이 되기를 소망합니다.

똑소리 나고 똑 부러지는 똑똑한 정리

정리가 쉬워졌습니다

초판 1쇄 발행 2022년 10월 4일

초판 2쇄 발행 2023년 1월 2일

지은이 윤주희

기획·편집 장인영 | **마케팅** 윤유림

디자인 올디자인그룹

펴낸곳 ㈜아이스크림미디어

주소 경기도 성남시 분당구 판교역로 225-20 시공빌딩

전화 1544-3070 | **팩스** 02-6280-5222

홈페이지 http://teacher.i-scream.co.kr

ISBN 979-11-5929-226-2 (13590) | 16,000원